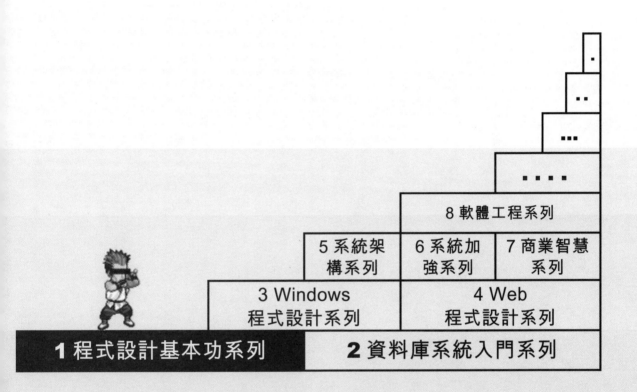

		8 軟體工程系列	
5 系統架構系列	6 系統加強系列	7 商業智慧系列	
3 Windows 程式設計系列		4 Web 程式設計系列	
1 程式設計基本功系列		2 資料庫系統入門系列	

Visual Basic 2005 初學入門 解答

關 於 本 書

本書是「VB 2005 初學入門」的習題解答,整本書用直指核心的方式,一一的為同學們解答疑惑,閱讀本書不僅可以在最短的時間再次的複習課程內容,還可以學到最直接、簡明、扼要的觀念與技巧,本書的學習效果甚至比課本本身還要好,但閱讀本書之前你還是得先熟讀課本,否則根本沒有意義。

對於觀念題,胡老師並不是由課本直接拷貝相關的內容而已,而是將課本的內容濃縮為恰到好處的簡潔,並使用不同於課本的角度,重新詮釋程式設計的重要觀念,讓這些觀念自然而然的深入你心、與你合為一體,從此成為程式達人。

實作題的部份,胡老師嘗試將個人程式設計的思惟過程,整理為系統性的步驟,讓你真正了解程式到底怎麼去想、怎麼去設計,又如何轉換為真正的程式碼。當你一再的閱讀實作題的題解,並一再的練習之後,胡老師設計程式的思惟邏輯將一點一滴的複製給你,最終你將成為跟胡老師一樣優秀的程式設計師,假以時日甚至可以超越胡老師,這也是胡老師最希望看到的。

程式設計與一般的電腦技術不同,需要花費大量的時間與精力去學習、揣摩,但學習的過程可以是很有趣的(胡老師永遠記得第1次寫出程式時的興奮),揣摩的結果也一定可以增長智慧(胡老師甚至覺得程式設計的精神其實與佛法無異),能不能修成正果就看你的心力夠不夠囉!

加油!在程式設計的學習路上,讓胡老師陪伴你!

關 於 習 題 解 答

本書附送了習題解答光碟,包含了所有實作題的專案原始程式,放在光碟的「VB 2005 初學入門習題解答」資料夾中,只要將資料夾複製到硬碟中、取消唯讀屬性(Windows Server才有必要),即可開啟、編修、執行專案。

目錄

第1章　程式設計導論

1-1　電腦所扮演的角色(1)

　　電腦在現實生活中扮演的角色，就好像是員工、傭人一樣，用來協助老闆(主人)處理現實生活中的事務。

老闆(主人)　　　　　　　　　　　　　　　　員工(傭人)

—送一份超級綜合大漢堡給我！→

—將三月份的業積印出來！→

☯ 有了員工(傭人)的協助，老闆(主人)就輕鬆了！

1-2　程式語言(1)

程式語言(Programming Language)就是用來命令電腦的語言：

老闆(主人)　　　　　　　　　　　　　　　　員工(傭人)

☯ 對中國人下命令，必須使用中文

—送一份超級綜合大漢堡給我！→

☯ 對電腦下命令，必須使用程式語言

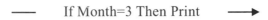

—　　If Month=3 Then Print　　→

對員工(傭人)下命令，必須使用他能理解的語言才行！

1-3　　程式(1)

　　當人類對電腦下命令時，必須將一列一列的命令儲存在檔案中，讓電腦依檔案內容執行我們的命令，儲存命令的檔案便稱為**程式**(Program)。

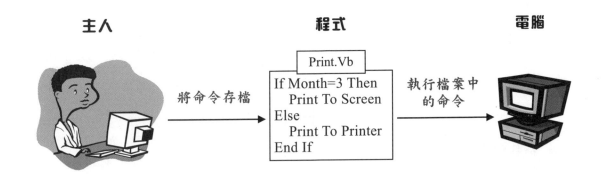

1-4　　程式設計與程式設計師(1)

　　編輯程式檔時，我們必須使用符合程式語言語法規則的敘述語句，而程式內容的編排也要能正確表達我們的需求，這些技巧(技術)統稱為**程式設計**(Programming)，而負責設計程式的人則稱為**程式設計師**(Programmer)。

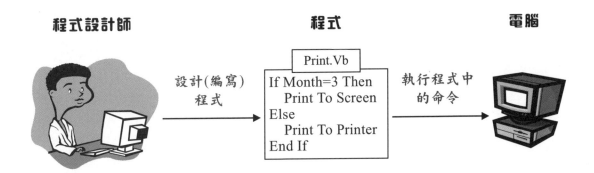

語言種類	代表	學習困難度	功能	開發方便性	執行速度	適用領域
低階	組合語言	最難	最強	不方便	最快	低階的硬體控制程式以及講求速度的程式，如 Driver、作業系統，Game…等。
中階	C、C++	有點難	也很強	還算方便	也很快	近幾年已漸漸取代低階語言。
高階	VB、C#、Java	不算難(Java 好像很難)	也不錯	很方便	還算快	商業(資料庫)程式，如 MIS、ERP、網站…等。
特定應用	Visual Foxpro、COBOL	不難	就特定應用而言，很強	就特定應用而言，很方便	還可以	特定應用，如資料庫系統(VF)，商業系統(COBOL)。

注意事項

由於機器語言很少人使用，因此略過。

1-6　　程式設計的應用(1)

胡老師未來還是會繼續走商業(資料庫)程式設計，原因是：

1. **應用範圍：**比較廣泛，胡老師的書可以賣得比較多

2. **進可攻：**胡老師可以架設一個網站，用來推廣我的教育事業，也可以開發套裝商業軟體(如 ERP)，至少還可以接接 Case

3. **退可守：**如果胡老師的事業經營得不好，至少還可以到一般的公司擔任資訊主管

第2章　Visual Studio

2-1　編譯器(1)

　　編譯器(Compiler)是一種軟體(程式)，用來將程式檔的內容翻譯為機器語言，這樣電腦才看得懂我們下的命令，也才能夠執行。

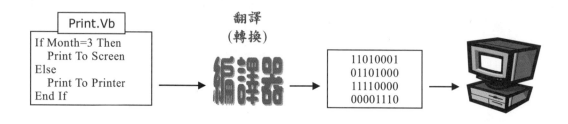

2-2　程式開發工具(1)

　　程式開發工具(Program Development Tool)是一種軟體，透過它，程式設計師可以方便的製作程式檔。

2 - 3　　Visual Studio 與 VB(1)

　　Visual Studio 2005(或 VB 2005 Express)是一套程式開發工具/編譯器，VB 則是一套程式語言，使用 VS 2005(或 VB 2005 Express)開發程式時，可以(必須)使用 VB 為語法規則，VS 2005 可以將 VB 程式編譯成內容為機器語言的執行檔。

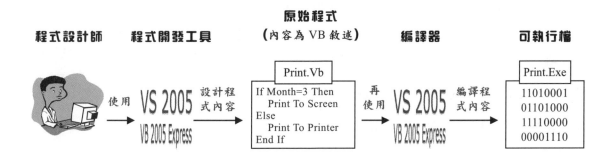

第3章　用 VB 2005 開發應用程式

3-1　應用程式的執行環境(1)

依執行環境，應用程式可分為：

1. **Windows 程式**：必須有 Windows 作業系統才可以執行的程式，如 Word

2. **Web 程式**：必須透過瀏覽器(如 IE)才可以瀏覽、執行的程式，如一般網站

3. **Smart Device 程式**：在手機、PDA 上面執行的程式

4. **其他**：如 Linux 程式、Unix 程式....

3-2　User(1)

User(**使用者**)指的是使用某一個應用程式的人。

User　　　　　　　　　　　**應用程式**

胡老師使用
Excel 做業績
預估(白日夢)

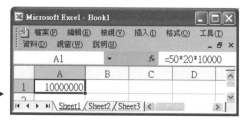

3-1

3-3 應用程式介面的組成元素(1)

Windows 應用程式的**介面**(Interface)，由標題區與工作區組合而成，標題區用來標示應用程式的名稱以及應用程式的代表圖示，工作區則佈滿各種元件，讓使用者透過這些元件來使用應用程式的各種功能。

Windows **應用程式**：Excel

1 視窗標題區

2 工作區

2-1 工作區元件：功能表

2-2 工作區元件：文字方塊

2-3 工作區元件：格表

3-4 應用程式的運作方式(1)

Windows 應用程式以**事件驅動**(Event Driven)的方式運作，意思是當使用者做了某個動作時，會觸發應用程式的某個事件，進而執行事件程序中的程式敘述。

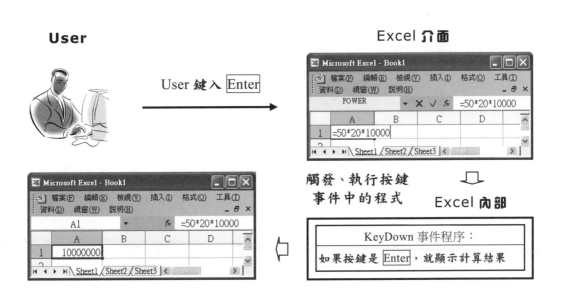

User

User 鍵入 Enter

Excel **介面**

觸發、執行按鍵事件中的程式

Excel **內部**

KeyDown 事件程序：

如果按鍵是 Enter，就顯示計算結果

3-5 專案(1)

專案(Project)就是程式檔(副檔名爲 .vbproj)，要建立(開發)程式就必須先建立專案檔，在 VB 2005 Express 中建立專案的方法爲：

1. 執行 VB 2005 Express 的『檔案/新增專案...』

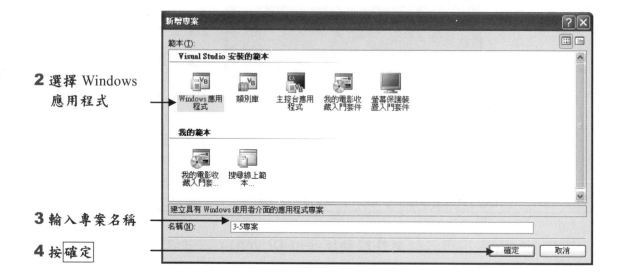

2 選擇 Windows
應用程式

3 輸入專案名稱

4 按 確定

3 - 6 模組(1)

和專案一樣，**模組**(Module)也是程式檔(副檔名為.vb)，不過專案並沒有儲存程式，模組才有。

實際開發程式時往往會有大量的程式要儲存，不可能全部儲存在同一個程式檔中，因此才會有模組化的觀念。將不同功用的程式，放置在不同的模組檔中，然後用專案檔將這些程式模組群組起來，形成一個完整的程式。

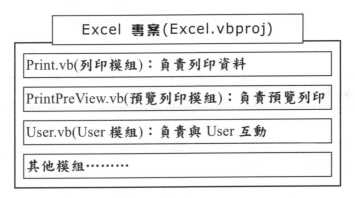

3 - 7 原始程式檔(1)

專案中的程式模組(.vb)，內容為最原始的、未經編譯的程式語言敘述，因此又稱為**原始程式檔**(Source File)。

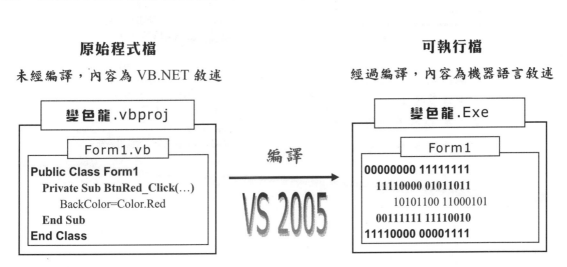

3 - 8　　元件(1)

元件(Controls、**控制項**)就是程式中的獨立動作單元，元件存在的目的在於讓使用者可以透過元件使用程式所提供的功能。

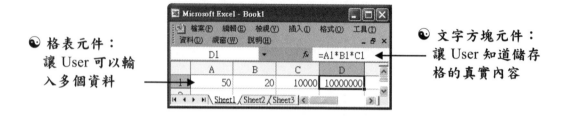

❧ 格表元件：
讓 User 可以輸
入多個資料

❧ 文字方塊元件：
讓 User 知道儲存
格的真實內容

3 - 9　　屬性(1)

屬性(Property)就是控制元件外觀性質的介面，設定屬性的目的在於改變元件的外觀特徵。在設計工具視窗中，只要先選擇元件，然後在屬性視窗中選擇屬性，再輸入屬性值即可變更元件的屬性。

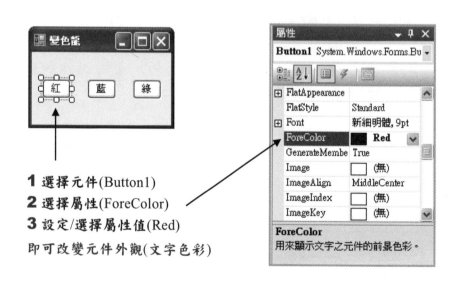

1 選擇元件(Button1)
2 選擇屬性(ForeColor)
3 設定/選擇屬性值(Red)
即可改變元件外觀(文字色彩)

3-10 元件屬性值設定(1)

設定屬性值應該使用「屬性值設定敘述」，其語法為：

[<元件名稱>.]<屬性名稱> = <屬性值>

下列敘述會將 Button1 的 ForeColor 屬性設為 Red：

Button1.ForeColor = Color.Red   ' 將 Button1 的文字色彩設為紅色

3-11 事件驅動(1)

將程式功能表達為**事件驅動**(Event Driven)的好處是：

1. 可以知道程式要置於那一個事件程序

2. 可以知道要加入的程式內容有那些

以下列功能而言：

「按 藍 」時「將按鈕 藍 的底色設為藍色」

表達為事件驅動之後，將可以輕易的看出程式要放置在 BtnBlue_Click()中(假設藍的名稱為 BtnBlue)，程式內容則為：

```
' 按 藍 時
Private Sub BtnBlue_Click(ByVal sender As Object， ByVal e As System.EventArgs) Handles BtnBlue.Click
    BtnBlue.BackColor = Color.Blue    ' 將 藍 的底色設為藍色
End Sub
```

3-12 程式語言的語法表示法(1)

程式語法中的[]，用來表示可以省略的部份，如下列語法所示：

[<元件名稱>.]<屬性名稱> = <屬性值>

其中[<元件名稱>.]可有可無，當元件為表單本身時就必須省略：

```
Public Class Form1    ' 這是 Form1 程式區的開頭
    Private Sub BtnRed_Click(ByVal sender As Object，ByVal e As System.EventArgs) Handles BtnRed.Click
        BackColor=Color.Red    ' 這是 Form1 的程式區，因此 Form1.BackColor 要省略 Form1.
    End Sub
End Class    ' 這是 Form1 程式區的開頭
```

其他元件則不可省略元件名稱：

BtnBlue.BackColor = Color.Blue   ' 將 藍 的底色設為藍色

至於<>則用來表示必須變動的非關鍵字，如下列語法所示：

```
If <條件式> then    ' 判斷條件式，做為分支依據
    <敘述群 1>    ' 條件式成立時執行敘述群 1
[Else
    <敘述群 2>]    ' 條件式不成立時執行敘述群 2
End If    ' If 敘述的詳細用法請參考 7-2 節
```

其中 If、Then、Else 以及 End If 都是固定的關鍵字，使用時不可變動，<條件式>、<敘述群 1(2)>則必須調整為真正的需求，如下列敘述所示：

```
If    ListBox1.SelectedIndex <> -1    Then    ' 如果  Listbox1 中有項目被選擇 就
    ListBox1.Items.RemoveAt(ListBox1.SelectedIndex)    ' 刪除選項
End   If
```

語法中的<條件式>已經被調整為真正的條件式「ListBox1.SelectedIndex <> -1」，<敘述群 1>也已經被調整為條件成立時真正要執行的敘述「ListBox1.Items.RemoveAt(ListBox1.SelectedIndex)」。

3-13　錯誤的處理(1)

開發程式時最常見的**錯誤**(Error)有下列兩種：

1. 語法錯誤(Syntax Error)

語法錯誤指的是程式內容不符合 VB 的語法規則，如下列敘述：

```
BtnBlue.BackColo = Color.Blue    'BackColor   Key 錯了
```

VB 2005 Express 會自動為語法有誤的敘述標示波浪底線(如上所示)，我們只要將內容更正即可解決語法錯誤：

```
BtnBlue.BackColor = Color.Blue    '不會再出現波浪底線了
```

2. 邏輯錯誤(Logic Error、語意錯誤)

邏輯錯誤指的是語法無誤，程式也可以執行，但執行結果卻和我們所規劃的不同。

這種錯誤比較難以處理，因為錯誤的可能發生範圍比較廣，可能是一開始的規劃就有問題，也可能是程式不小心放錯位置，也有可能是程式翻(為 VB)錯了。總之，你必須細心觀照程式開發流程中的每一個環節，以找出潛藏的錯誤(Bug、臭蟲)。

3-14 開發應用程式一(1)

使用 VB 2005 Express 開發一個應用程式的基本流程為：

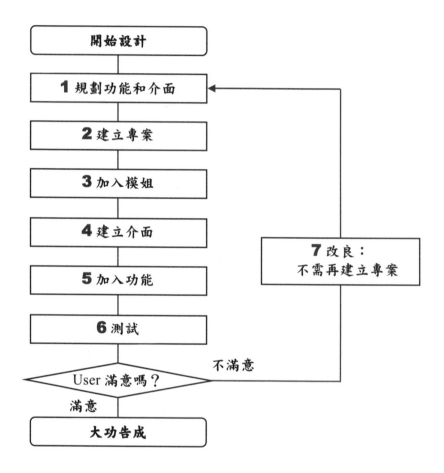

3-15 開發應用程式二(1)

　　胡老師認為應該先開發、測試一個功能，沒有錯誤時再開發、測試下一個功能。因為這樣才可以每次都只面對一件事情，才有可能每次都將事情做對，也才能降低錯誤的發生機率。畢竟人腦同一時間只能思考、處理一件事情，除非你的頭腦和 Intel 的新款 CPU 一樣，具有雙核心的架構。

3-16 註解(1)

註解(Comment)就是「外國語言的本土語言說明」，VB 也算是一種外國語言，我們也可以在 VB 程式敘述中加入適當的註解，以便讓自己(以及別人)可以看得懂程式所要表達的意義，在 VB 中要加入註解，只要先以'(單引號)開頭，再輸入程式的解釋即可：

```
BtnBlue.BackColor=Color.Blue     ' 將藍的底色設為藍色
```

3-17 邏輯(1)

邏輯(Logic)指的是「一件事情的來龍去脈」，學習程式設計的目的在於學習使用程式語言對電腦下命令，對人下命令還可以說得簡單一點、含糊一點，因為人類具有高度思惟能力，可以理解命令中的含意。

而電腦卻很呆，只能接受很精確的命令，說一它絕對不會做二，只要你的命令有一點不夠明確，它就無法精確的執行你的要求，你也無法得到想要的結果。因此程式設計師必須具備優秀的邏輯思惟能力，用程式敘述將一件事情的來龍去脈，從頭到尾、一字一句的描述清楚，電腦才有可能完全照你的意思去做。

另外就是寫程式不可能沒有錯誤，當錯誤發生時，如果你的邏輯思惟能力不夠，無法搞清楚整個程式設計的來龍去脈，無法很精細的檢視設計流程中的每一個步驟、環節，那麼根本不可能解決錯誤。

第4章　再談程式設計

4-1　程式語言、程式敘述與程式(1)

　　程式(Program)就是內含命令的檔案,用來命令電腦幫我們做事,程式的內容是由一個一個**程式敘述**(Statement)組合而成,每一個程式敘述都用來表達命令電腦的某一句話。而所有的敘述必須要有一致性的表達方式(語法),這樣程式設計師在下命令時才有一個依循,電腦也才能聽得懂,**程式語言**(Programming Language)就是用來定義程式敘述共通語法的一套規格書。

程式語言:VB.NET

```
' 程式語言是一份語法清單,用來說明可以
' 使用的程式敘述有那些,以及其語法規則
1.類別定義敘述:用來定義類別
<儲存等級> Class <類別名稱>
2.屬性值設定敘述:用來設定屬性值
[<元件名稱>.]<屬性名稱> = <屬性值>
3.方法定義敘述:用來定義類別的方法
<儲存等級> Sub <方法名稱>(<參數串列>)
```

程式:變色龍.Vbproj

程式:Form1.vb

```
' 程式中的一列內容,稱為一個程式敘述,
' 每一個敘述都要符合程式語言的語法
Public Class Form1
    Private Sub BtnRed_Click(…)
            BackColor=Color.Red
    End Sub
End Class
```

4-2　程式碼(1)

　　程式敘述又稱為**程式碼**(Code),Coding 則是設計(編輯)程式內容的意思:

程式設計師

如何將胡老師的年薪調為美金1百萬呢?

胡老師正在 Coding(試圖竄改自己的薪水)

程式:薪資管理.vbproj

程式:Form1.vb

```
' 程式中的敘述又稱為程式碼
If   Name = "Hu"   Then
        Salary = US $1,000,000
End If
```

4-3   學習程式設計(1)

我們可以由開發程式的流程整理出程式設計的學習方向：

1. **規劃應用程式的功能及外觀介面**：有機會使用別人的程式時，一定要多多觀察，以便學習如何規劃程式的功能及介面

2. **建立新專案**：建立專案並不難，只要時常練習就一定會，重點是要了解建立專案的意義

3. **在專案中加入模姐**：加入模組也很簡單，但要知道模組是什麼

4. **建立程式介面**：要知道 VB 提供了那些元件，並大略了解每一個元件的功用，才能夠建立最適當的程式介面

5. **為程式的每個功能撰寫程式**：要了解 VB 程式的運作方式(事件驅動)，以及 VB 提供了那些敘述，每一種敘述又是做什麼用，才有能力依據功能描述來撰寫程式碼

6. **執行與測試程式**：只要將程式的功能表達為「事件驅動」的形式，就可以依功能說明來測試程式是否正確執行

7. **改良程式**：要有能力將程式的開發過程，切割為一個一個反覆[1](一個(或幾個)功能一個反覆)，慢慢的加強程式功能，反覆的撰寫程式，這樣不僅可以提高程式成功的機率，也能夠加速程式的開發效率

---

[1] 反覆指的是重覆執行多次動作中的其中一次動作，如執行迴圈中的敘述就是一個反覆(iteration)。

4-4　　VS 2005 的線上說明(1)

1　查詢元件

1．查詢元件的相關屬性、...

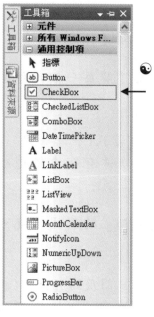

❀ 在工具箱中選
　擇元件類別，
　再鍵入 F1，即
　可查詢元件
　(類別)的相關
　屬性、方法以
　及事件...

2．查詢元件的使用說明

1. 執行 VB 2005 Express 的『說明/索引』

2 輸入查詢關鍵字「<元件類別> 控制項」(如 CheckBox 控制項)

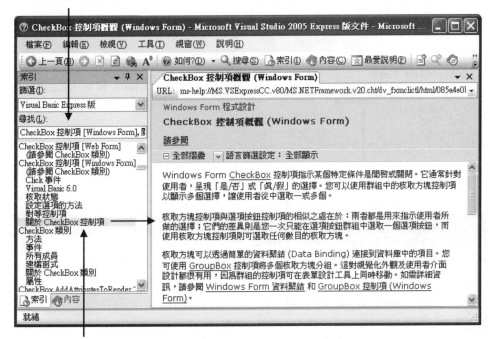

3 選擇「關於<元件類別> 控制項」(如關於 CheckBox 控制項)

2 查詢敘述語法

1. 查詢已知敘述的說明

只要在程式碼視窗中選擇欲查詢的敘述，再鍵入 F1，即可查詢該敘述的詳細說明：

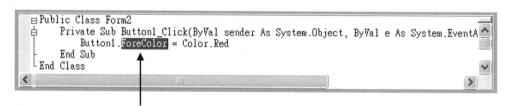

1 選擇欲查詢的敘述，再鍵入 F1，就可以查詢敘述的詳細說明

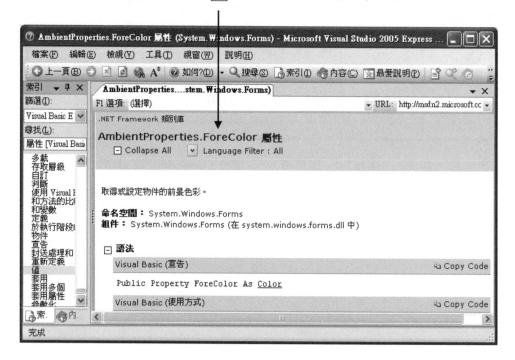

2．查詢 VB 的相關功用

　　如果想了解 VB 提供了那些敘述，這些敘述又該如何使用，可以先執行 VB 2005 Express 的『說明/內容』，進入 VB 2005 Express 的說明文件視窗之後，再展開「MSDN Library for Vistual Studio 2005 Express 版\Visual Basic Express 文件」，即可瀏覽 VB 的相關說明：

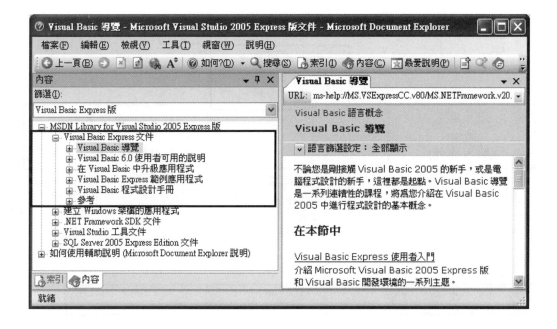

第5章　資料處理導論

5 - 1　電腦(1)

　　電腦(Computer)就是計算機,也就是大型的計算器,電腦主要用來幫人類處理資料,其架構基本上有下列四大部門:

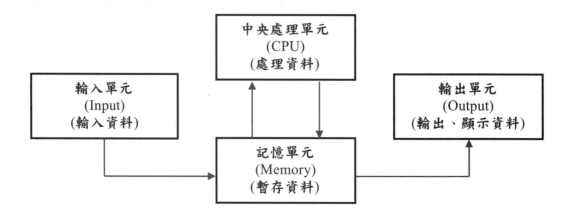

5 - 2　系統(1)

　　系統(System)指的是可以執行特定作業的一組東西(元件),以 **VCD 播放系統**(VCD Playing System)而言,包括 VCD 播放器(硬體)、螢幕(硬體)以及 VCD(軟體)三種元件。

☯ VCD 播放系統

| VCD 播放器 | 螢幕 | VCD |

5-3　　電腦系統(1)

　　電腦系統(Computer System)就是有能力幫人類處理資料的一組元件，包括硬體以及軟體兩種成員：

☯ 電腦系統

| 硬體 | 軟體 |

5-4　　電腦處理資料的流程(1)

　　電腦處理資料的流程為：

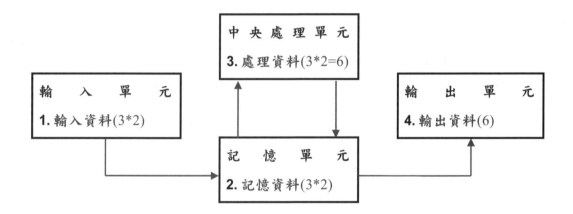

中央處理單元

3. 處理資料(3*2=6)

輸　入　單　元

1. 輸入資料(3*2)

輸　出　單　元

4. 輸出資料(6)

記　憶　單　元

2. 記憶資料(3*2)

電腦系統是以硬體處理資料，以軟體控制資料的處理方式：

☯ 電腦系統

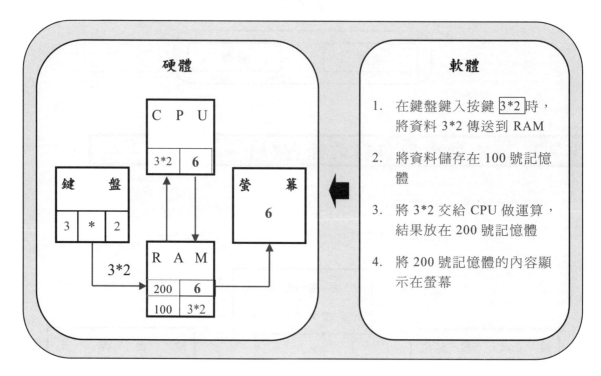

硬體	軟體
	1. 在鍵盤鍵入按鍵 3*2 時，將資料 3*2 傳送到 RAM
	2. 將資料儲存在 100 號記憶體
	3. 將 3*2 交給 CPU 做運算，結果放在 200 號記憶體
	4. 將 200 號記憶體的內容顯示在螢幕

5 - 6　程式設計師在資料處理機制中扮演的角色(1)

　　由於軟體在電腦系統中負責資料處理的控制,而軟體(程式)又是程式設計師所建立的,因此程式設計師是資料處理機制中的真正掌控者。

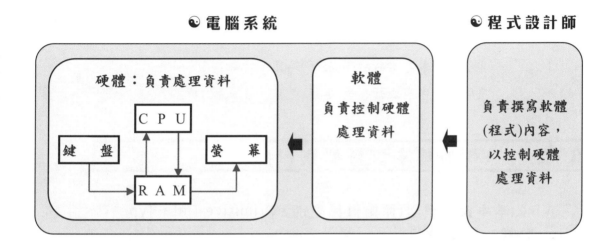

5 - 7　程式語言的四大敘述(1)

　　軟體用來控制硬體處理資料,程式設計師又負責撰寫軟體內容,程式語言則提供程式敘述語法給程式設計師撰寫軟體,因此程式語言的四大敘述就是用來控制硬體處理資料的四種敘述:1.資料輸入敘述 2.資料儲存敘述 3.資料處理敘述 4.資料輸出敘述。

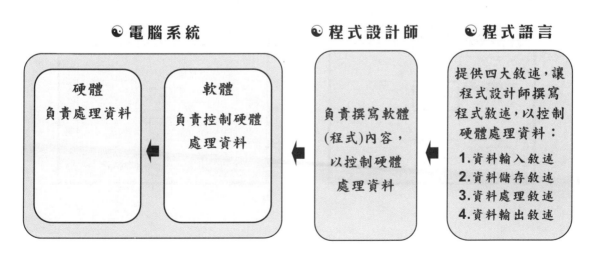

第6章　資料的處理

6-1　資料型別(1)

　　因為電腦對不同型別的資料會有不同的處理方式，如果型別表示不正確，處理結果也將不正確。

```
1 + 1          ' 電腦會對數字進行數學(加法)運算，結果為2
"1" + "1"      ' 電腦會對字串進行字串(串接)運算，結果為"11"
```

6-2　VB 的基本資料型別(1)

　　VB 的**基本資料型別(原始資料型別、Primitive Data Type)**有：字串、字元、數值、日期/時間以及邏輯等五種。

6-3　資料轉移(2)

1．程式功能與介面說明

　　☯ 按 清除 時：將 ListBox1 中的選項清除，並增加到 ListBox2

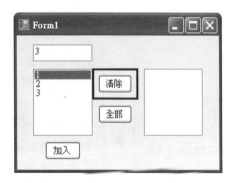
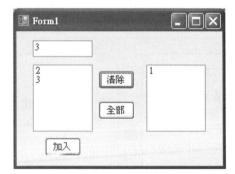

2．建立程式介面

請先建立一個專案「6-3 資料轉移」，然後將第 6 章範例「ListBox 的刪除」中的 Form1.vb 複製到專案中，取代原有的 Form1.vb，接著依「程式功能與介面說明」，安裝 ListBox2。

3．建立程式功能

1. 將程式功能表達為可以一句一句翻譯為 VB 的敘述

首先列出功能說明：

「按 清除 」時「將 ListBox1 中的選項清除，並增加到 ListBox2」

但這樣並無法立即翻譯為 VB 敘述，因此有必要再敘述得 VB 一點：

' 選項要先增加到 ListBox2，然後才能刪除
在 ListBox2 新增一項資料，內容為 ListBox1 的選項內容
刪除 ListBox1 的選項

2. 撰寫程式

OK，功能說明夠清楚了，我們可以依據功能說明一句一句的撰寫程式，請切換到程式碼視窗，然後在 Button2_Click()加入下列程式：

6-3 資料轉移：Form1.vb

```
' 按 清除 時：將 ListBox1 中的選項清除，並增加到 ListBox2
Private Sub Button2_Click(ByVal sender As System.Object, ByVal e As System.EventArgs) Handles Button2.Click
    ' 選項要先增加到 ListBox2，然後才能刪除
    ListBox2.Items.Add(ListBox1.SelectedItems(0))    ' 在 ListBox2 新增一項資料，
                                                     ' 內容為 ListBox1 的選項內容
    ListBox1.Items.RemoveAt(ListBox1.SelectedIndex)   ' 刪除 ListBox1 的選項
End Sub
```

其中 ListBox1.SelectedItems 代表所有的選項，ListBox1.SelectedItems(0)則表示第 0(1)個選項，因為目前程式只提供單選的功能，因此同一時間只會有 1 個選項被選，這個選項就是 ListBox1.SelectedItems(0)。

6-4　ComboBox 的資料轉移(2)

1．程式功能與介面說明

☯ 按 清除 時：將 ComboBox1 中的選項清除，並增加到 ListBox2

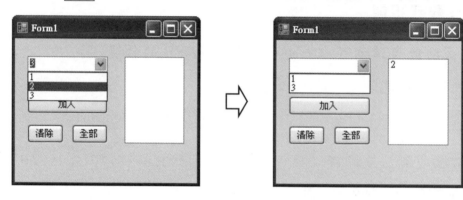

2．建立程式介面

　　請先建立一個專案「6-4ComboBox 的資料轉移」，然後將第 6 章範例「ListBox 的刪除」中的 Form1.vb 複製到專案中，取代原有的 Form1.vb，接著依「程式功能與介面說明」，刪除 TextBox1 和 ListBox1，然後安裝 ComboBox1 以及 ListBox2。

3．建立程式功能

1．將程式功能表達為可以一句一句翻譯為 VB 的敘述

　　首先列出功能說明：

「按 清除 」時「將 ComboBox1 中的選項清除，並增加到 ListBox2」

　　接著再敘述得 VB 一點：

```
' 選項要先增加到 ListBox2，然後才能刪除
在 ListBox2 新增一項資料，內容為 ComboBox1 的選項內容
刪除 ComboBox1 的選項
```

2. 撰寫程式

請切換到程式碼視窗，然後在 Button2_Click()加入下列程式：

6-4 資料轉移：Form1.vb

' **按 清除 時**：將 ComboBox1 中的選項清除，並增加到 ListBox2
Private Sub Button2_Click(ByVal sender As System.Object, ByVal e As System.EventArgs) **Handles Button2.Click**
  ' 選項要先增加到 ListBox2，然後才能刪除
 	
  ListBox2.Items.Add(ComboBox1.Text)   ' 在 ListBox2 新增一項資料，
                                ' 內容為 ComboBox1 的選項內容
 	
  ListBox1.Items.RemoveAt(ComboBox1.SelectedIndex)   ' 刪除 ListBox1 的選項
End Sub

表示 ComboBox 選項內容的方法和 ListBox 稍有不同，因為 ComboBox 只能單選，因此沒有 SelectedItems 屬性，而 ComboBox 的選項內容將會成為 ComboBox 的標題文字，因此用 ComboBox1.Text 來表示 ComboBox1 的選項內容。

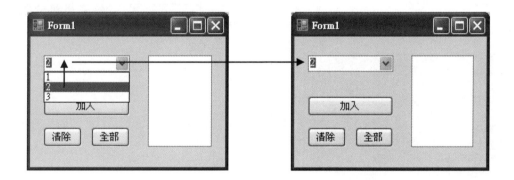

6-5 運算式(1)

運算式用來將資料交給 CPU 做運算(處理)，運算式的語法如下所示：

<運算元 1>   <運算子>   <運算元 2>

Coding 時我們往往需要將多個資料加以運算，以得到運算結果並交給後續的程式繼續使用，此時就必須使用運算式。在本章範例「字串串接」中，按 加入 時，欲新增的資料內容包含姓名與分數，因此必須先將 TextBox1.Text 和 TextBox2.Text 的內容串接在一起：

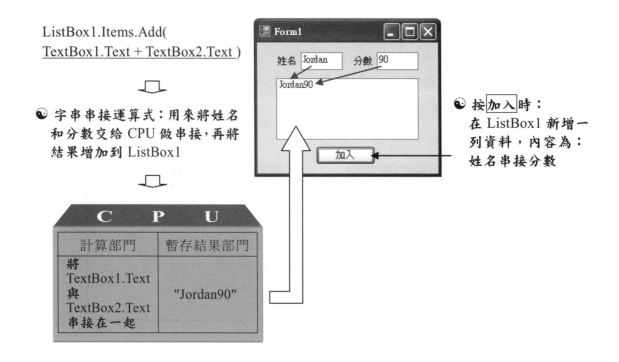

ListBox1.Items.Add(
TextBox1.Text + TextBox2.Text)

⬇

☯ 字串串接運算式：用來將姓名和分數交給 CPU 做串接，再將結果增加到 ListBox1

⬇

☯ 按 加入 時：
在 ListBox1 新增一列資料，內容為：姓名串接分數

6 - 6　　運算子的優先順序一(2)

1. 10+*5/6**3 & 20*2+5　　' 5/6=0.833333333333333

2. 10+*0.833333333333333*3* & 20*2+5　　' 0.833333333333333*3=2.5

3. 10+2.5 & *20*2*+5　　' 20*2=40

4. *10+2.5* & 40+5　　' 10+2.5=12.5

5. 12.5 & *40+5*　　' 40+5=45

6. *12.5 & 45*　　' 12.5 & 45=12.545

6 - 7　　ComboBox 的使用模式 (2)

只要調整 DropDownStyle 屬性即可：

☯ Simple

☯ DropDown

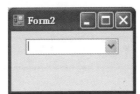

☯ DropDownList

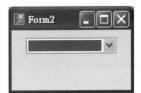

6-8　物件導向程式設計(1)

　　物件導向程式設計(OOP)有點像是「上帝在創造世界萬物」，程式設計師之於程式，就像是上帝之於世界萬物一樣，世界萬物分為各種類別，程式中的元件(物件)也有很多種(類)。只要上帝高興，可以在世間建立祂想要的任意物件，並透過屬性賦予這些物件獨特的外觀特徵，程式設計師也可以隨意的在程式中安裝任意元件，並透過屬性改變元件的外觀性質[1]。

　● 程式設計師可以在工具箱
　　中選擇適當的類別，在表單
　　中安裝元件。
　● 也可以透過屬性視窗改變
　　元件的外觀性質。

 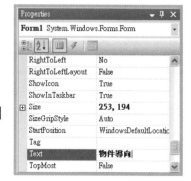

6-9　類別與物件(1)

　　類別(Class)指的是某一群具有共同特徵的物件集合，類別並沒有對應任何一個真實物件，而是用來統稱相同類別的所有物件(集合名詞)。**物件**(Object)則是真實存在的東西，不同的物件會有不同的名稱，而相同類別的物件則會具有相同的外觀特徵。

　　比如說在真實世界，人是一個類別，用來泛稱所有的人類物件，但根本沒有叫「人」的(人類)物件，胡啟明、李敖才是真的人(看得到、摸得著)，他們兩個都是「人(類)」、但不叫「人」，兩者的外觀特徵相同，但屬性設定不一樣，胡啟明比較帥、李敖比較老……。

---

[1] 程式設計師甚至可以創造新類別(物種)，以增加元件的種類，在胡老師的系列課程中將會介紹

在程式世界中，Button 是一個類別，用來泛稱所有的按鈕物件，但沒有一個物件叫「Button」，BtnRed 與 BtnBlue 才是真實的 Button 物件，兩者有相同的外觀特徵，但屬性設定不大一樣，BtnRed 上面的文字是「紅」、BtnBlue 則是「藍」……。

☯ 工具箱列示了所有可用的元件類別

☯ 程式設計師可以在表單安裝任意類別的元件

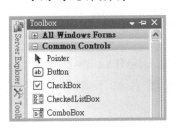

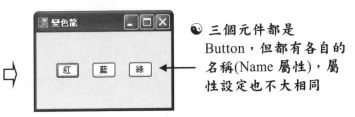

☯ 三個元件都是 Button，但都有各自的名稱(Name 屬性)，屬性設定也不大相同

6-10 方法(1)

方法(Method)就是物件的行為能力，不同類別的物件所擁有的方法並不相同，比如說人類會開車但不會飛，鳥類會飛但不會打棒球…。在物件導向程式設計中，方法算是一種敘述，用來命令物件執行某個動作(行為)，其語法為：

```
' 當物件為表單本身時，必須省略<物件名稱>
[<物件名稱>.]<方法名稱>([<參數>])
```

比如說下列敘述：

```
ListBox1.Items.Clear()    ' 命令 ListBox1，刪除所有的項目
胡啓明.買點心("香雞排"，3)    ' 命令胡啟明去買 3 個香雞排
```

6-11 參數 (1)

　　參數就是給方法(函式)參考的數據(資料),由於某些方法(函式)的作業對象不固定,因此要傳遞參數給方法(函式)做為作業對象。比如說 ListBox 的方法 Items.Add,其執行的動作是「增加」,動作的對象則是「資料」,而資料的可能性實在太多,因此用參數讓程式設計師自行決定資料內容:

```
ListBox1.Items.Add("Jordan")    ' 增加一項內容為"Jordan"的資料
```

　　有些方法(函式)的作業對象則是固定的,比如說 ListBox 的 Items.Clear 方法,其作業對象固定是針對物件本身(Items),這種方法不需任何參數。

```
ListBox1.Items.Clear()    ' 固定刪除所有的項目(Items)
```

6-12 屬性(1)

　　Read-Write 屬性指的是可讀寫屬性,比如說 TextBox 的 Text 屬性,我們可以設定其屬性值,也可以讀取其屬性值。

　　Read-Only 屬性則是唯讀屬性,比如說字串物件的 Length 屬性,其值是隨著字串的內容(Text)而定,Text 的值為"123",Length 就是 3,當 Text 被改為"12345"時,Length 將自動變為 5,其值是不可(應該)直接指定的。

6-13 {}(1)

在程式語言的語法中，時常會出現{}，{}代表的是一個獨立的個體，{}中通常會有多個選項可以被選擇使用，每一個選項間會以/(表或是)區隔，如下列語法：

```
<n>.<f>E{+/-}<x>    '{+-}的部份可以使用+或是-
```

{+/-}表示這個部份可以選用+或是-，比如說 1.23E+3、1.23E-2，都符合語法，像這種多選 1 的部份語法(又稱子句)，如果沒有使用{}的話，將會讓人看不懂：

```
<n>.<f>E+/-<x>    ' 你看得懂嗎？
```

6-14 _(1)

在 VB 中，_(底線)用來分割敘述，讓原本應該在同一列(行)的敘述分成兩行(以上)顯示，目的是提高程式的可讀性：

```
' 分割前，亂亂的
TextBox1.Text    =    Val(TextBox1.Text.Substring(0    ,    TextBox1.Text.IndexOf("+")))+
Val(TextBox1.Text.Substring(TextBox1.Text.IndexOf("+") + 1))

' 分割後，比較容閱讀
TextBox1.Text = Val(TextBox1.Text.Substring(0，   TextBox1.Text.IndexOf("+")))   _
                + Val(TextBox1.Text.Substring(TextBox1.Text.IndexOf("+") + 1))
```

6-15 函式(1)

函式(Function)就是特殊的運算式，用來執行一般運算式所無法完成的運算。在範例「加法器」中，為了讓兩個 TextBox 中的數字進行數學加法運算，必須先將兩個 TextBox 的內容轉型為數字，但一般的運算式並無法進行這種轉換，因此我們使用(呼叫)函式 Val()來進行這個特殊運算：

```
TextBox3.Textb = Val(TextBox1.Text) + Val(TextBox2.Text)
```

使用運算式(函式)的原因在於「我們不會處理某個運算,因此將運算的規則,以運算式的形式交給電腦(CPU)處理」,目的是請電腦(CPU)告訴我們運算的結果。

由於電腦(CPU)運算完成之後,必須將運算結果傳回給呼叫端(User或程式),因此**運算結果**又可以稱為**傳回值**(Return Value)。

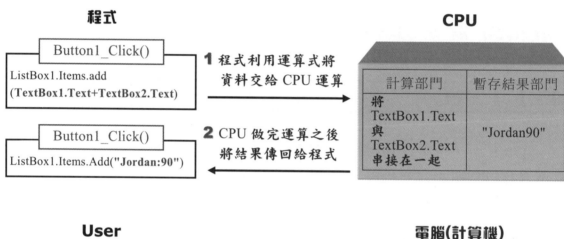

1 User 利用運算式將
資料交給電腦運算

2 電腦做完運算之後
將結果傳回給 User

6-17　資料型別的轉換　(2)

不合法，應調整爲：

TextBox1.Text = **Val(**TextBox2.Text**)** * 0.9　' 這樣才能進行數學乘法運算

6-18　碼(1)

碼(Code)指的是一群符號的集合，如機器碼，它是 0、1 兩種符號的集合，當我們要將人類符號(胡啓明、Good)儲存於電腦內部時，必須透過電腦中的**編碼**(EnCoding)線路，將人類符號編成 0、1 形式的機器碼，否則無法儲存。

相反的，人類也看不懂電腦中的機器碼，因此將電腦中的資料顯示給人類閱讀之前，也必須透過**解碼**(DeCoding)線路，將機器碼解譯爲人類符號。

編解碼的規則必須一致，否則不同的電腦在交換資料時會出現亂碼，從電腦發明至今，陸續出現了 ASCII、BIG-5、GB...以及 Unicode 等編碼系統(規則)，其中 Unicode 是最新的編碼系統，它包含了全世界的所有符號，也統一了全世界的編碼規則，只要所有的電腦都使用 Unicode 做爲編解碼系統，世界各地的資料將能夠正確的交換，再也不會有亂碼。

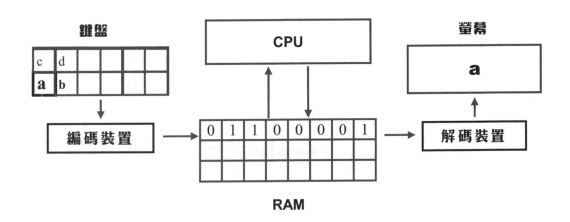

6-19 數值資料的編碼(2)

在 VB(以及所有的程式語言)中，數字與字元(串)的編碼方式是不一樣的，字元(串)會以字形符號為依據，編為一組 2Bytes 的 2 進位符號，數字則是以量為依據，用 10 進位轉 2 進位的原則，編為 1 個 Byte 以上的 2 進位數字[2]。

2 是一個數字，會被轉換為 2 進位數字「00000010」，"2"則是字串，會依 Unicode，編碼為「00000000、00110010」(10 進位數字 50)。

6-20 資料表示方式(2)

1. 常值表示法

常值(Literal)就是「固定不變的資料」，在程式中要表示固定不變的資料時，就用常值表示法：

```
ListBox1.Items.Add("Jordan")    ' 增加到 ListBox1 的資料內容，固定為"Jordan"
```

2. 變動資料表示法

若要在程式中表達會變動的資料，必須使用 VB 的敘述來表示，此時資料內容將隨著敘述的執行結果而變：

```
ListBox1.Items.Add(TextBox1.Text)    ' 資料內容視 TextBox1.Text 的內容而變
```

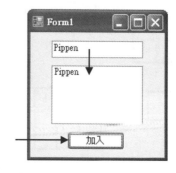

☯ 按 加入 時：
將 TextBox 的內容
新增到 ListBox 中

---

[2] 一個數字到底會被轉換為幾個 Bytes 的 2 進位數字，和數字的型別有關，請參考課本第 9 章。

6-21 一個敘述的先後執行順序(3)

假設 TextBox1.Text 為 "10+20"：

---

1. TextBox1.Text = Val(TextBox1.Text.Substring(0, *TextBox1.Text.IndexOf("+")*)) _
   + Val(TextBox1.Text.Substring(TextBox1.Text.IndexOf("+") + 1))

2. TextBox1.Text = Val(*TextBox1.Text.Substring(0, 2)*) _
   + Val(TextBox1.Text.Substring(TextBox1.Text.IndexOf("+") + 1))

3. TextBox1.Text = *Val("10")* _
   + Val(TextBox1.Text.Substring(TextBox1.Text.IndexOf("+") + 1))

4. TextBox1.Text = 10 + Val(TextBox1.Text.Substring(*TextBox1.Text.IndexOf("+")* + 1))

5. TextBox1.Text = 10 + Val(TextBox1.Text.Substring(*2 + 1*))

6. TextBox1.Text = 10 + Val(*TextBox1.Text.Substring(3)*)

7. TextBox1.Text = 10 + *Val("20")*

8. TextBox1.Text = *10 + 20*

9. *TextBox1.Text = 30*

6-22 方案(1)

在 VB 中，**方案**(Solution)是一種檔案(.sln)，用來將相關連的多個專案群組在一起，方便同時開啓這些專案。

欲使用方案來群組專案，你必須先建立一個方案[3]：

1. 執行 VS 2005 的『檔案/新增/專案』

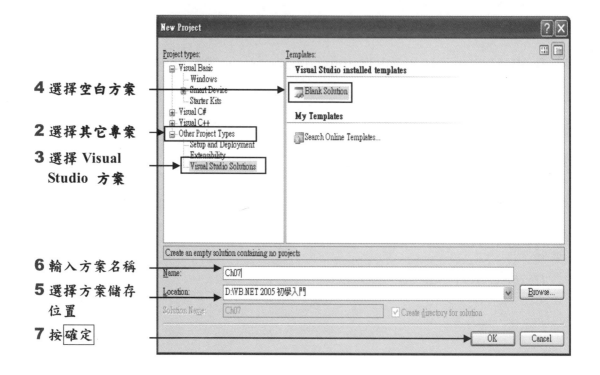

4 選擇空白方案

2 選擇其它專案

3 選擇 Visual
Studio 方案

6 輸入方案名稱

5 選擇方案儲存
位置

7 按 確定

---

[3] 本題是以 VS 2005 Standard 英文版為操作說明，在 VB 2005 Express 中並無法操作

接著再建立專案,並將專案加入到方案中:

1 在方案上面按
右鈕,執行『新
增/新專案』

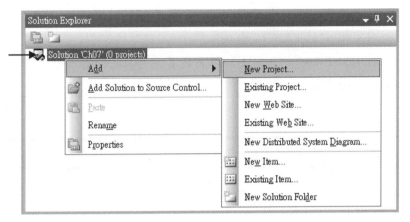

2 輸入專案名稱

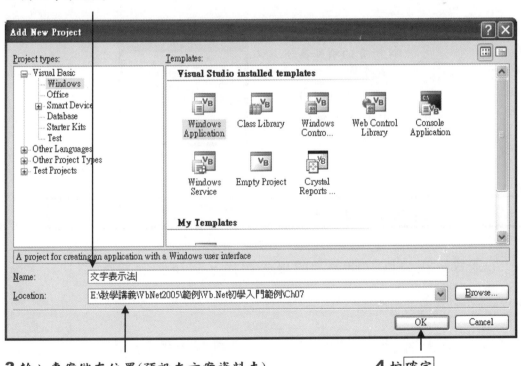

3 輸入專案儲存位置(預設在方案資料夾)   **4** 按 確定

6-2 3 敘述中的空白(1)

```
TextBox1.Text="1"+"2"   ' 合法
TextBox1.Text = "1" + "2"   ' 合法
TextBox1.Text=3&4   ' 不合法,因為運算元和&之間要有空白
TextBox1.Text=3 & 4   ' 合法
```

6-2 4 註標(1)

註標(Index)指的是集合物件中、單一物件的位置順序,註標用來識別集合物件中的單一物件,VB 的註標由 0 開始編號、一直到物件總數-1:

☯ 所有的項目集合
起來叫 Items

☯ 單一項目則叫
Items(<註標>)

6-2 5 ()運算子(1)

()運算子用來自訂運算子的優先順序,以下列運算而言:

```
3+4*6   ' 預設優先順序為*、+
```

其結果原本為 27,但加上()之後,結果就變為 42 了:

```
(3+4)*6    ' ()中的運算優先順序最高
```

6-26 自動輸入年月日(3)

1．程式功能與介面說明

1. 功能 1~3：

☯ 選擇 ComboBox1/ComboBox2/ListBox1
中的選項時：
將 TextBox1 的內容設為：
「ComboBox1 的內容」
串接「年」
串接「ComboBox2 的內容」
串接「月」
串接「ListBox1 的內容」
串接「日」

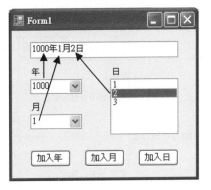

2. 功能 4~6：

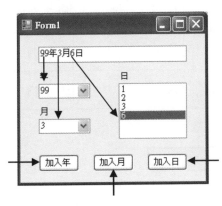

☯ 按 加入年 時：
在 ComboBox1
加入一列資料
，內容為：
TextBox1 中
年左邊的內容

☯ 按 加入日 時：
在 ListBox1 加入
一列資料，內容為：
TextBox1 中月與日
之間的內容

☯ 按 加入月」時：
在 ComboBox2 加入
一列資料，內容為：
TextBox1 中
年與月之間的內容

2. 建立程式介面

請建立一個新專案「6-26 自動輸入年月日」，接著依「程式功能與介面說明」，安裝下列元件：

元件類別	元件名稱	屬性	屬性值	功用
TextBox	TextBox1	Text	空白	顯示日期
Label	Label1	Text	年	說明文字
	Label2	Text	月	
	Label3	Text	日	
ComboBox	ComboBox1	Items	998 999 1000	選擇年份
		Text	998	
	ComboBox2	Items	1 5 11	選擇月份
		Text	11	
ListBox	ListBox1	Items	1 2 3	選擇日期
Button	Button1	Text	加入年	為 ComboBox1 加入一項
	Button 2	Text	加入月	為 ComboBox2 加入一項
	Button 3	Text	加入日	為 ListBox1 加入一項

3. 建立程式功能

A. 功能 1~3

1. 將程式功能表達為可以一句一句翻譯為 VB 的敘述

原功能說明已經很 VB，不需再詳細敘述：

選擇 ComboBox1/ComboBox2/ListBox1 中的選填時：將 TextBox1 的內容設為：

「ComboBox1 的內容」串接「年」串接「ComboBox2 的內容」串接「月」串接「ListBox1 的內容」串接「日」

2. 撰寫程式

　　請切換到程式碼視窗，然後加入下列程式：

6-26 自動輸入年月日：Form1.vb

```
' 功能 1.選擇 ComboBox1 中的選項時：設定 TextBox1 中的日期
Private Sub ComboBox1_SelectedIndexChanged(...) Handles ComboBox1.SelectedIndexChanged
    ' 將 TextBox1 的內容設為：

    TextBox1.Text = ComboBox1.Text & "年" & _     ' 「ComboBox1 的內容」串接「年」
                    ComboBox2.Text & "月" & _     ' 串接「ComboBox2 的內容」串接「月」
                    ListBox1.Text & "日"     ' 串接「ListBox1 的內容」串接「日」
End Sub

' 功能 2.選擇 ComboBox2 中的選項時：設定 TextBox1 中的日期
Private Sub ComboBox2_SelectedIndexChanged(.) Handles ComboBox2.SelectedIndexChanged
    ' 將 TextBox1 的內容設為：

    TextBox1.Text = ComboBox1.Text & "年" & _     ' 「ComboBox1 的內容」串接「年」
                    ComboBox2.Text & "月" & _     ' 串接「ComboBox2 的內容」串接「月」
                    ListBox1.Text & "日"     ' 串接「ListBox1 的內容」串接「日」
End Sub

' 功能 3.選擇 ListBox1 中的選項時：設定 TextBox1 中的日期
Private Sub ListBox1_SelectedIndexChanged(...) Handles ListBox1.SelectedIndexChanged
    ' 將 TextBox1 的內容設為：

    TextBox1.Text = ComboBox1.Text & "年" & _     ' 「ComboBox1 的內容」串接「年」
                    ComboBox2.Text & "月" & _     ' 串接「ComboBox2 的內容」串接「月」
                    ListBox1.Text & "日"     ' 串接「ListBox1 的內容」串接「日」
End Sub
```

B. 功能 4

1. 將程式功能表達為可以一句一句翻譯為 VB 的敘述

原有的功能敘述已經很 VB 了：

按 加入年 時：在 ComboBox1 中加入一列資料，內容為：TextBox1 中"年"左邊的子字串

2. 撰寫程式

請切換到程式碼視窗，然後加入下列程式：

6-26 自動輸入年月日：Form1.vb

```
' 功能 4.按 加入年 時：在 ComboBox1 中加入一列資料，內容為：TextBox1 中"年"左邊
' 的子字串
Private Sub Button1_Click(ByVal sender As Object, ByVal e As System.EventArgs) Handles Button1.Click
    ' TextBox1 中"年"左邊的子字串,意思就是由第 0 個開始、取「年的位置」個字元,
    ' 如#2006 年 4 月 13 日#,要取 4 個字元
    ComboBox1.Items.Add(TextBox1.Text.Substring(0, TextBox1.Text.IndexOf("年")))
End Sub
```

C. 功能 5

1. 將程式功能表達為可以一句一句翻譯為 VB 的敘述

原有的功能敘述已經很 VB 了：

按 加入月 時：在 ComboBox1 中加入一列資料，內容為：
TextBox1 中年與月之間的內容

2. 撰寫程式

請切換到程式碼視窗，然後加入下列程式：

6-26 自動輸入年月日：Form1.vb

' 功能 5.按 加入月 時：在 ComboBox2 中加入一列資料，內容為：TextBox1 中年與月
' 之間的內容

Private Sub Button2_Click(ByVal sender As Object, ByVal e As System.EventArgs) **Handles Button2.Click**

 'TextBox1 中年與月之間的內容，意思就是由第「年的下一個位置」開始，
 ' 取「月的位置-年的位置-1」個字元，如#2006 年 4 月 13 日#，要取 6-4-1=1 個字元

 ComboBox2.Items.Add((TextBox1.Text.Substring(TextBox1.Text.IndexOf("年") + 1,

       TextBox1.Text.IndexOf("月") - TextBox1.Text.IndexOf("年") - 1)))

End Sub

D. 功能 6

1. 將程式功能表達為可以一句一句翻譯為 VB 的敘述

 原有的功能敘述已經很 VB 了：

按 加入日 時：在 ListBox1 中加入一列資料，內容為：TextBox1 月與日之間的內容

2. 撰寫程式

 請切換到程式碼視窗，然後加入下列程式：

6-26 自動輸入年月日：Form1.vb

' 功能 6.按 加入日 時：在 ListBox1 加入一列資料，內容為：TextBox1 月與日之間的內容

Private Sub Button3_Click(ByVal sender As Object, ByVal e As System.EventArgs) **Handles Button3.Click**

 'TextBox1 中月與日之間的內容，意思就是由第「月的下一個位置」開始， 取
 ' 「日的位置-月的位置-1」個字元，如#2006 年 4 月 13 日#，要取 9-6-1=2 個字元

 ListBox1.Items.Add(TextBox1.Text.Substring(TextBox1.Text.IndexOf("月") + 1,

     TextBox1.Text.IndexOf("日") - TextBox1.Text.IndexOf("月") - 1))

End Sub

6-27 ～ 6-30 VB 的敘述、元件、物件及函式(1)

 本書介紹的所有敘述、元件、物件以及函式，已經整理為第 9 章的習
題解答，請自行參考第 9 章的相關習題解答。

第 7 章　　　條件分支敘述

7 - 1　　　程式的分支(1)

　　分支(Branching)是一種程式設計技巧,這種技巧會依條件來決定程式的執行流向,分支專門用來處理「依條件分支執行」的情況,如下列情形:

☯ 中醫師依據病人的症狀,判斷病人應該吃那種藥

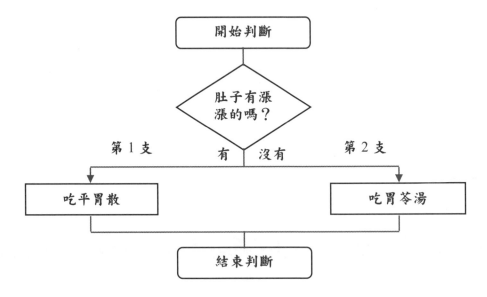

　　VB 中的分支技巧(敘述)共有下列三種:

1. **單條件判斷敘述**(If):用來讓程式依單一條件、分 2 支執行

2. **多條件判斷敘述**(If Else If):用來讓程式依多個條件、分多支執行

3. **多重分支敘述**(Select Case):用來讓程式依多個條件值、分多支執行

7-2   比較運算式(1)

比較運算式指的是使用比較運算子的運算式,用來比較兩個資料是否符合比較規則,符合比較規則運算結果為 True,不符合規則結果為 False。比較運算式最常扮演分支敘述中的條件式,讓分支敘述依據比較運算式的運算結果(True/False),來決定程式的分支流向。

比較運算式的語法如下:

<運算元 1> <比較運算子> <運算元 2>

下列敘述示範了「中醫師開藥方」的比較運算應用:

```
If  肚子漲 = True   Then   '依肚子是否漲氣來決定程式分支流向
    藥方 = "平胃散"   '肚子真的漲
Else
    藥方 = "胃苓湯"   '肚子假的漲
End If
```

值得注意的是,雖然比較運算式最常應用於條件式,但也可以應用在其他場合,只要該場合需要 True/False(比較運算式的執行結果)。

7-3   條件式(1)

條件式指的是流程控制敘述(包括分支以及迴圈敘述[1])中,用來決定分支流向的敘述:

```
If  <條件式>   then   '依條件是否成立,決定執行那個程式區段
    <敘述群 1>   '條件成立執行<敘述群 1>
[ Else
    <敘述群 2> ]   '條件不成立執行<敘述群 2>
End If

While  <條件式>   '依條件式的運算結果,決定是否進入 While 迴圈
       <敘述群>   '條件式的結果為 True 時,進入 While、執行<敘述群>
End  While
```

---

[1] 迴圈將在第 8 章介紹。

凡執行結果爲邏輯值(True/False)的敘述，都可以扮演條件式

```
' ListBox1.SelectedIndex<>-1 是比較運算式，運算結果為 True/False，可以扮演條件式
If   ListBox1.SelectedIndex <> -1    Then
     ListBox1.Items.RemoveAt(ListBox1.SelectedIndex)
End   If
```

```
' RaBtnMember.Checked(RadioButton 的 Checked 屬性)是邏輯值，也可以扮演條件式
If   RaBtnMember.Checked   Then   ' 是會員嗎？(⊙會員 有核取嗎？)
    TxtPay.Text = "男性會員"
Else
    TxtPay.Text = "男性非會員"
End   If
```

7-4   鍵盤事件(2)

胡老師覺得應該在 KeyDown 中處理，因爲：

1. 大小寫按鍵要視為相同，必須在 KeyDown 或是 KeyUp 中處理

2. 在 KeyDown 中處理，可以在 User 剛壓下按鍵 A 時立刻加速度，玩起來才過癮

7-5   日期資料的比較(1)

不相等，因爲兩者的時間不相等：

```
1.#11/29/2004 21:30:00#
2.#11/29/2004#    ' 加上預設時間，就變成#11/29/2004 12:00:00 AM#
```

7-6　字元(串)的編碼(2)

　　Unicode 是依字元符號形狀編碼，"a"和"A"既然形狀不同，其 Unicode 當然不一樣，"a"的 Unicode 為 97，"A"則為 65，不過"a"和"A"的 Unicode 到底是多少並不是最重要的，你只要知道兩者的 Unicode 為何不同即可。

7-7　密碼(3)

1．程式功能與介面說明

🔘 當 User 輸入第 4 個字元時，自動進行密碼的判斷

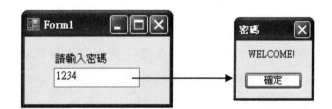

2．建立程式介面

　　請先建立一個專案「7-7 密碼」，然後依「功能與介面說明」，在 Form1.vb 安裝一個 Label 以及一個 TextBox。

3．建立程式功能

1. 將程式功能表達為可以一句一句翻譯為 VB 的敘述

　　首先列出功能說明：

當 User 輸入第 4 個字元時，自動進行密碼的判斷

　　不夠 VB，有必要再敘述得更清楚：

「當 User 鍵入按鍵」時「判斷 TextBox 中的字元長度是否為 4，是的話進行密碼判斷」

2. 設定屬性

有時候程式功能會和屬性設定有關，以本題而言，由於密碼長度固定為 4，不可能超過 4，因此最好將 TextBox1 的 Maxlength 屬性設為 4，這樣 User 才不會不小心輸入過長的密碼，程式運作起來也會比較順暢。

3. 撰寫程式

請切換到程式碼視窗，然後在 TextBox1_TextChanged()加入下列程式：

7-7 密碼：Form1.vb

```
' 鍵入按鍵(文字內容(長度)改變)時：判斷 TextBox1 中的字元長度是否為 4，
' 是的話進行密碼判斷
' 原本程式應該置於 KeyDown()中，但在 KeyDown 中讀取 TextBox 的字元長度時，
' 只能讀取 KeyDown 前的長度，因此程式應該放在 TextChanged(文字內容改變時)
Private Sub TextBox1_TextChanged(ByVal sender As System.Object, ByVal e As System.EventArgs) Handles TextBox1.TextChanged
    If TextBox1.Text.Length = 4 Then    ' 判斷 TextBox1.Text 的長度是否為 4
        ' 長度為 4 的話，進行密碼判斷
        If TextBox1.Text = "1234" Then
            MessageBox.Show("WELCOME!", "密碼")
        Else
            MessageBox.Show("ERROR!!", "密碼")
        End If
    End If
End Sub
```

7 - 8　　密碼帳號(2)

1．功能及介面說明

❧ 在兩個
TextBox
鍵入 Enter，
都可以進行判斷

❧ 密碼、帳號
皆正確時：
顯示 Welcome！

❧ 帳號錯誤時：顯示 UserName Error！　　❧ 密碼錯誤時：顯示 Password Error！

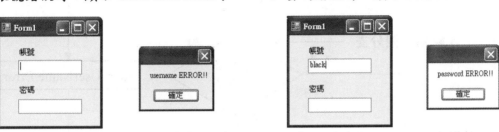

2．建立程式介面

　　請先建立一個專案「7-8 密碼帳號」，然後依「功能與介面說明」，在 Form1.vb 安裝兩個 Label 以及兩個 TextBox。

3．建立程式功能

1. 將程式功能表達為可以一句一句翻譯為 VB 的敘述

　　首先列出功能說明：

「在兩個 TextBox 鍵入 Enter」時「進行帳號以及密碼的判斷，帳號錯誤顯示 UserName Error，密碼錯誤顯示 Password Error，密碼、帳號皆正確顯示 Welcome」

　　不夠 VB，有必要再敘述得更清楚，由於本例的運作邏輯比較複雜，可以用流程圖來表達：

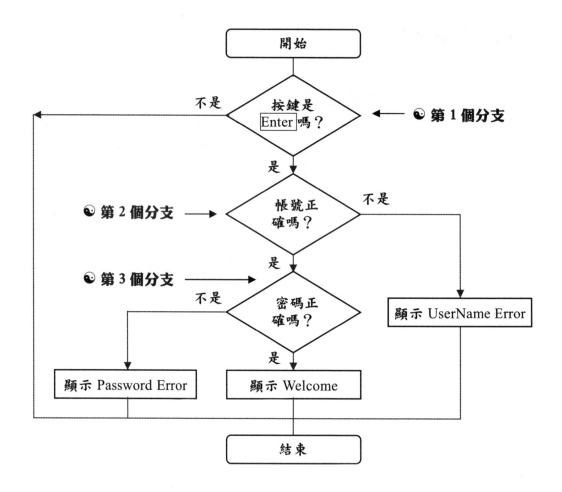

2. 撰寫程式

請切換到程式碼視窗，然後加入下列程式：

7-8 密碼帳號：Form1.vb

```
' 在 TextBox1 鍵入按鍵時
Private Sub TextBox1_KeyDown(ByVal sender As Object, ByVal e As System.Windows.Forms.KeyEventArgs) Handles TextBox1.KeyDown

        If e.KeyCode = 13 Then    ' 按鍵是 Enter 嗎：分支 1
            If TextBox1.Text = "black" Then    ' 帳號正確嗎：分支 2
                If TextBox2.Text = "1234" Then    ' 密碼正確嗎：分支 3
                    MessageBox.Show("WELCOME!")    ' 密碼正確，顯示 Welcome
                Else
                    MessageBox.Show("password ERROR!!")    ' 密碼錯誤，顯示 Pass Error
                End If
            Else
                MessageBox.Show("username ERROR!!")    ' 帳號錯誤，顯示 Username Error
            End If
        End If

End Sub

' 在 TextBox2 鍵入按鍵時
Private Sub TextBox1_KeyDown(ByVal sender As Object, ByVal e As System.Windows.Forms.KeyEventArgs) Handles TextBox1.KeyDown

        If    e.KeyCode = 13 Then    ' 按鍵是 Enter 嗎：分支 1
            If    TextBox1.Text = "black" Then    ' 帳號正確嗎：分支 2
                If TextBox2.Text = "1234" Then    ' 密碼正確嗎：分支 3
                    MessageBox.Show("WELCOME!")    ' 密碼正確，顯示 Welcome
                Else
                    MessageBox.Show("password ERROR!!")    ' 密碼錯誤，顯示 Pass Error
                End If
            Else
                MessageBox.Show("username ERROR!!")    ' 帳號錯誤，顯示 Username Error
            End If
        End If

End Sub
```

7-9　英文字的大小寫(2)

　　請修改習題 7-8「密碼帳號」，不管輸入的帳號是「black」、Black」或「BLACK」…都算正確，亦即不分大小寫。

1．功能及介面說明

💀 帳號的大小寫
視為相同！

2．建立程式介面

　　請先建立一個專案「7-9 英文字的大小寫」，然後將「7-8 密碼帳號」中的 Form1.vb 複製到專案中，取代原有的 Form1.vb。

3．建立程式功能

A．解答一

　　只要將專案的「Option Compare」屬性設為「Text」，或是在 Form1.Vb加入下列敘述即可：

7-9 英文字的大小寫：Form1.vb
Option Compare Text　' 將本模組(表單 Form1.vb)的大小寫視為相同
Public Class Form1
'……………………以下略過
End Class

B. 解答二

1. 將程式功能表達為可以一句一句翻譯為 VB 的敘述

首先列出功能說明：

進行帳號的判斷時，將大小寫的 UserName 視為相同

不夠 VB，有必要再敘述得更清楚：

進行帳號的判斷時，先將輸入的帳號轉換為小寫，再跟小寫的帳號相比較

2. 撰寫程式

請切換到程式碼視窗，然後加入下列程式：

```
° 7-9 英文字的大小寫：Form1.vb

' 在 TextBox1 鍵入按鍵時
Private Sub TextBox1_KeyDown(ByVal sender As Object, ByVal e As System.Windows.Forms.KeyEventArgs) Handles TextBox1.KeyDown
    If e.KeyCode = 13 Then   ' 按鍵是 Enter 嗎：分支 1
        ' 先將輸入的帳號轉換為小寫，再跟小寫的帳號相比較
        If  TextBox1.Text.ToLower() = "black" Then  ' 帳號正確嗎：分支 2
            If TextBox2.Text = "1234" Then  ' 密碼正確嗎：分支 3
                MessageBox.Show("WELCOME!")   ' 密碼正確，顯示 Welcome
            Else
                MessageBox.Show("password ERROR!!")   ' 密碼錯誤，顯示 Pass Error
            End If
        Else
            MessageBox.Show("username ERROR!!")   ' 帳號錯誤，顯示 Username Error
        End If
    End If
End Sub
' 在 TextBox2 鍵入按鍵時：處理方法和 TextBox1 相同，請自行練習
```

1. 程式功能與介面說明

修改習題 7-8「密碼帳號」:

☯ 未輸入帳號時,
　無法輸入密碼

☯ 輸入帳號,
　才可以輸入密碼

2. 建立程式介面

請建立一個專案「7-10 密碼帳號一」,然後將「7-8 密碼帳號」中的 Form1.vb 複製到專案中,取代原有的 Form1.vb,接著將 TextBox2(密碼) 的 ReadOnly 屬性設為 True,目的是讓 User 一開始無法輸入密碼。

3. 建立程式功能

1. 將程式功能表達為可以一句一句翻譯為 VB 的敘述

首先列出功能說明:

未輸入帳號時,無法輸入密碼;輸入帳號,才可以輸入密碼

不夠 VB,再清楚一點:

「插入點移至 TextBox2(密碼)」時「判斷 TextBox1(帳號)的內容長度是否>0,是的話將 TextBox2.ReadOnly 設為 False、讓 User 可以輸入密碼;否則將 TextBox2.ReadOnly 設為 True、讓 User 無法輸入密碼」

2. 撰寫程式

請切換到程式碼視窗,然後加入下列程式:

7-10 密碼帳號一：Form1.vb

' 插入點移至 TextBox2(密碼)時

Private Sub TextBox2_Enter(ByVal sender As Object, ByVal e As System.EventArgs) **Handles TextBox2.Enter**

    ' 判斷 TextBox1(帳號)的內容長度是否>0

    If   TextBox1.Text.Length > 0 Then   ' 是

        TextBox2.ReadOnly = False   ' 將 TextBox2.ReadOnly 設為 False、讓 User 可以輸入密碼

    Else   ' 否

        TextBox2.ReadOnly = True   ' 將 TextBox2.ReadOnly 設為 True、讓 User 無法輸入密碼

    End If

End Sub

7-11 密碼帳號二(3)

1. 程式功能與介面說明

請修改習題 7-8「密碼帳號」，加入 確定、取消兩個按鈕：

1. 只要密碼與帳號其中有一個未輸入，確定便無法使用

☯ 未輸入帳號、密碼

☯ 未輸入密碼

2. 按 確定時判斷帳號密碼(在 TextBox 中鍵入 Enter 時不判斷)

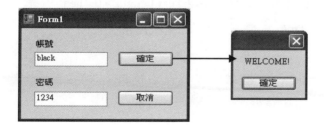

3. 按 取消時結束程式(使用 End 敘述即可)

2. 建立程式介面

請建立一個專案「7-11 密碼帳號二」，然後將「7-8 密碼帳號」中的 Form1.vb 複製到專案中，取代原有的 Form1.vb。然後安裝兩個 Button，再將 Button2(確定)的 Enabled 屬性設為 False，目的是讓 User 一開始無法按 確定 。

3. 建立程式功能

A. 功能一

1. 將程式功能表達為可以一句一句翻譯為 VB 的敘述

首先列出功能說明：

只要密碼與帳號其中一個未輸入，確定 便無法使用

不夠 VB，再清楚一點：

「TextBox1 以及 TextBox2 的內容改變」時「判斷 TextBox1 以及 TextBox2 的內容長度是否都>0，是的話將 確定 設為可以使用；否則將 確定 設為無法使用」

2. 撰寫程式

請切換到程式碼視窗，然後加入下列程式：

7-11 密碼帳號二：Form1.vb

```vb
' TextBox1(帳號)的內容改變時
Private Sub TextBox1_TextChanged(ByVal sender As Object, ByVal e As System.EventArgs) Handles TextBox1.TextChanged
    ' 判斷 TextBox1 以及 TextBox2 的內容長度是否都>0
    If   TextBox1.Text.Length > 0 And TextBox2.Text.Length > 0 Then   ' 是
        Button1.Enabled = True   ' 將 確定 設為可以使用
    Else   ' 否
        Button1.Enabled = False   ' 將 確定 設為無法使用
    End If
End Sub
```

```
' TextBox2(帳號)的內容改變時
Private Sub TextBox2_TextChanged(ByVal sender As Object, ByVal e As System.EventArgs) Handles TextBox2.TextChanged
    ' 判斷 TextBox1 以及 TextBox2 的內容長度是否都>0
    If   TextBox1.Text.Length > 0 And TextBox2.Text.Length > 0 Then   ' 是
        Button1.Enabled = True   ' 將 確定 設為可以使用
    Else   ' 否
        Button1.Enabled = False   ' 將 確定 設為無法使用
    End If
End Sub
```

B. 功能二

1. 將程式功能表達為可以一句一句翻譯為 VB 的敘述

首先列出功能說明：

按 確定 時：判斷帳號密碼

不夠 VB，再清楚一點：

按 確定 時：

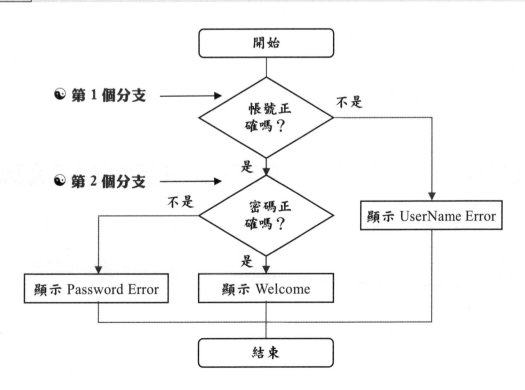

2. 撰寫程式

7-11 密碼帳號二：Form1.vb

```
' 按 確定 時
Private Sub Button1_Click(ByVal sender As System.Object, ByVal e As System.EventArgs) Handles Button1.Click
    If   TextBox1.Text = "black" Then    ' 帳號正確嗎：分支 1
        If TextBox2.Text = "1234" Then    ' 密碼正確嗎：分支 2
            MessageBox.Show("WELCOME!")    ' 密碼正確，顯示 Welcome
        Else
            MessageBox.Show("password ERROR!!")    ' 密碼錯誤，顯示 Password Error
        End If
    Else
        MessageBox.Show("username ERROR!!")    ' 帳號錯誤，顯示 Username Error
    End If
End Sub
```

C. 功能三

1. 將程式功能表達為可以一句一句翻譯為 VB 的敘述

首先列出功能說明：

按 取消 時：結束程式

夠 VB，可以直接翻譯為 VB 敘述。

2. 撰寫程式

7-11 密碼帳號二：Form1.vb

```
' 按 取消 時
Private Sub Button2_Click(ByVal sender As System.Object, ByVal e As System.EventArgs) Handles Button2.Click
    End    ' 結束程式
End Sub
```

7-12 Like 運算子(3)

1. 程式功能及介面說明

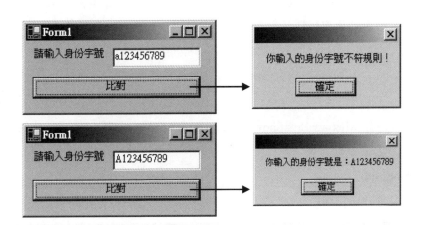

按比對時：
比對 Textbox 中的
資料是否符合身份
字號的格式，
第 1 個必須是大寫
英文字元，第 2~9
個必須是數字

2. 建立程式介面

　　請建立一個專案「7-12 Like 運算子」，然後依「功能及介面說明」，在 Form1.vb 安裝一個 Label，一個 TextBox 以及一個 Button。

3. 建立程式功能

1. 將程式功能表達為可以一句一句翻譯為 VB 的敘述

　　首先列出功能說明：

按比對時：比對(較)TextBox 中的資料是否符合身份字號的格式，第 1 個必須是大寫英文字元，第 2~9 個必須是數字

　　夠 VB 了，可以開始寫程式。

2. 撰寫程式

　　請切換到程式碼視窗，然後加入下列程式：

```
' 按 比對 時
Private Sub Button1_Click(ByVal sender As System.Object, ByVal e As System.EventArgs) Handles Button1.Click
    ' 比對(較)TextBox 中的資料是否符合身份字號的格式，
    ' 第 1 個必須是大寫英文字元，第 2~9 個必須是數字
    ' 由於比對(較)方式(對象)是群組性質(A~Z，1~9)，因此使用 Like 配合萬用字元做比較
    If  TextBox1.Text Like "[A~Z]########" Then  ' 是
        MessageBox.Show("你輸入的身份字號是：" & TextBox1.Text)  ' 顯示身份字號
    Else  ' 否
        MessageBox.Show("你輸入的身份字號不符規則！")  ' 顯示錯誤訊息
    End If
End Sub
```

7-13 買票系統一(2)

1. 程式功能與介面說明

請修改本章範例「買票系統」，加入購票人數：

☯ 選擇身份或人數時：
顯示總票價
(＝票價*人數)

2. 建立程式介面

請建立一個專案「7-13 買票系統一」，然後將範例「買票系統」中的 Form1.vb 複製到專案中，取代原有的 Form1.vb，再依「功能及介面說明」，安裝一個 Label 以及一個 ComboBox。

3. 建立程式功能

1. 將程式功能表達為可以一句一句翻譯為 VB 的敘述

首先列出功能說明：

選擇身份或人數時：顯示總票價(=票價*人數)

夠 VB 了，可以開始寫程式。

2. 撰寫程式

請切換到程式碼視窗，然後加入下列程式：

```
7-13 買票系統一：Form1.vb
' 選擇身份(身份改變)時
Private Sub ComboBox1_SelectedIndexChanged(_____) Handles ComboBox1.SelectedIndexChanged
        Select Case ComboBox1.SelectedIndex   ' 依據選項的索引代號來分支
                ' 總票價(=票價*人數)，
                ' 人數就是 ComboBox2 的內容，但要先轉換為數字，再和票價相乘
                Case 0   ' 國小
                        TextBox1.Text = 100 * Val(ComboBox2.Text) & "元"
                Case 1   ' 國中
                        TextBox1.Text = 120 * Val(ComboBox2.Text) & "元"
                Case 2   ' 高中
                        TextBox1.Text = 150 * Val(ComboBox2.Text) & "元"
                Case 3   ' 大專
                        TextBox1.Text = 200 * Val(ComboBox2.Text) & "元"
                Case 4 To 6   ' 軍人、公務員、教師
                        TextBox1.Text = 220 * Val(ComboBox2.Text) & "元"
                Case Else   ' 其他
                        TextBox1.Text = 250 * Val(ComboBox2.Text) & "元"
        End Select
End Sub
```

```
' 選擇人數(人數改變)時
Private Sub ComboBox2_SelectedIndexChanged(_____) Handles ComboBox2.SelectedIndexChanged
        Select Case ComboBox1.SelectedIndex   ' 依據選項的索引代號來分支
            ' 總票價(=票價*人數)，
            ' 人數就是 ComboBox2 的內容，但要先轉換為數字，再和票價相乘
            Case 0   ' 國小
                TextBox1.Text = 100 * Val(ComboBox2.Text) & "元"
            Case 1   ' 國中
                TextBox1.Text = 120 * Val(ComboBox2.Text) & "元"
            Case 2   ' 高中
                TextBox1.Text = 150 * Val(ComboBox2.Text) & "元"
            Case 3   ' 大專
                TextBox1.Text = 200 * Val(ComboBox2.Text) & "元"
            Case 4 To 6   ' 軍人、公務員、教師
                TextBox1.Text = 220 * Val(ComboBox2.Text) & "元"
            Case Else   ' 其他
                TextBox1.Text = 250 * Val(ComboBox2.Text) & "元"
        End Select
End Sub
```

7-14 買票系統二(2)

1.程式功能及介面說明

請修改習題 7-13「買票系統一」，加入場次的選擇：

☯ 選擇身份、人數或場次時：
顯示總票價
(=票價*人數*場次折扣)

```
Form1                                    _□×
選擇身份          選擇人數          選擇場次
國小      ▼      2        ▼      午場:80%  ▼
160元
```

2.建立程式介面

請建立一個專案「7-14 買票系統二」，然後將習題 7-13「買票系統一」
中的 Form1.vb 複製到專案中，取代原有的 Form1.vb，再依「功能及介面
說明」，安裝一個 Label 以及一個 ComboBox。

3.建立程式功能

1.將程式功能表達為可以一句一句翻譯為 VB 的敍述

首先列出功能說明：

選擇身份、人數或場次時：顯示總票價(=票價*人數*場次折扣)

場次折扣不夠 VB，應該再清楚一點：

場次折扣 = ComboBox3 中，「(:至%間的數字)/100」，如"午場:80%"，
場次折扣 = 80/100 = 0.8

2.撰寫程式

請切換到程式碼視窗，然後加入下列程式：

7-14 買票系統二：Form1.vb

```vb
' 選擇身份(身份改變)時
Private Sub ComboBox1_SelectedIndexChanged(...) Handles ComboBox1.SelectedIndexChanged
    Select Case ComboBox1.SelectedIndex  ' 依據選項的索引代號來分支
        ' 總票價(=票價*人數*場次折扣)，
        ' 場次折扣 = ComboBox3 中，「:至%間的數字/100」，如"午場:80%"，
        ' 場次折扣 = 80/100 = 0.8
        Case 0  ' 國小
            TextBox1.Text = 100 * Val(ComboBox2.Text) * _
            Val(ComboBox3.Text.Substring(ComboBox3.Text.IndexOf(":") + 1, _
            ComboBox3.Text.IndexOf("%") - ComboBox3.Text.IndexOf(":") - 1)) / 100 & "元"
        Case 1  ' 國中
            TextBox1.Text = 120 * Val(ComboBox2.Text) * _
            Val(ComboBox3.Text.Substring(ComboBox3.Text.IndexOf(":") + 1, _
            ComboBox3.Text.IndexOf("%") - ComboBox3.Text.IndexOf(":") - 1)) / 100 & "元"
        Case 2  ' 高中
            TextBox1.Text = 150 * Val(ComboBox2.Text) * _
            Val(ComboBox3.Text.Substring(ComboBox3.Text.IndexOf(":") + 1, _
            ComboBox3.Text.IndexOf("%") - ComboBox3.Text.IndexOf(":") - 1)) / 100 & "元"
        Case 3  ' 大專
            TextBox1.Text = 200 * Val(ComboBox2.Text) * _
            Val(ComboBox3.Text.Substring(ComboBox3.Text.IndexOf(":") + 1, _
            ComboBox3.Text.IndexOf("%") - ComboBox3.Text.IndexOf(":") - 1)) / 100 & "元"
        Case 4 To 6  ' 軍人、公務員、教師
            TextBox1.Text = 220 * Val(ComboBox2.Text) * _
            Val(ComboBox3.Text.Substring(ComboBox3.Text.IndexOf(":") + 1, _
            ComboBox3.Text.IndexOf("%") - ComboBox3.Text.IndexOf(":") - 1)) / 100 & "元"
        Case Else  ' 其他
            TextBox1.Text = 250 * Val(ComboBox2.Text) * _
            Val(ComboBox3.Text.Substring(ComboBox3.Text.IndexOf(":") + 1, _
            ComboBox3.Text.IndexOf("%") - ComboBox3.Text.IndexOf(":") - 1)) / 100 & "元"
    End Select
End Sub

' 選擇人數(人數改變)時 以及 選擇場次(場次改變)時的處理方式，
' 與選擇身份(身份改變)時完全相同，請自行練習
```

7-15 買票系統三(3)

1．程式功能與介面說明

　　請修改本章範例「買票系統」，在不使用條件分支敘述(Select Case 以及 If)的情形下，也可以達到同樣的結果。

2．建立程式介面

　　請建立一個專案「7-15 買票系統三」，然後將範例「買票系統」中的 Form1.vb 複製到專案中，取代原有的 Form1.vb，，接著設定 ComboBox1 的 Items 屬性：

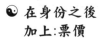
● 在身份之後
　加上:票價

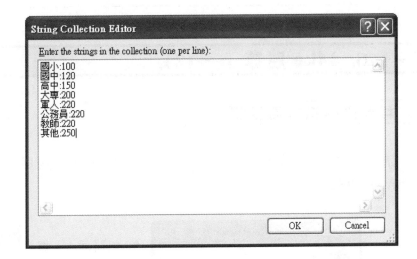

　　設定 Items 的原因是因為我們可以直接在每個 Item 取得票價，於是不需使用分支敘述。

3．建立程式功能

1. 將程式功能表達為可以一句一句翻譯為 VB 的敘述

　　首先列出功能說明：

選擇身份時：顯示票價

票價不夠 VB，應該再清楚一點：

票價 ＝ ComboBox1 中，「:之後的所有數字」

2. 撰寫程式

請切換到程式碼視窗，加入下列程式：

7-15 買票系統三：Form1.vb

```
' 選擇身份(身份改變)時
Private Sub ComboBox1_SelectedIndexChanged(ByVal sender As System.Object, ByVal e As System.EventArgs)
Handles ComboBox1.SelectedIndexChanged
    ' 票價 ＝ ComboBox1 中，「:之後的所有數字」
    TextBox1.Text = ComboBox1.Text.Substring(ComboBox1.Text.IndexOf(":") + 1) & "元"
End Sub
```

7-16 Like 運算子一(2)

1. 程式功能與介面說明

請設計下列程式，讓 User 只能輸入「胡開頭、長度至少為 2 的字串」，即姓胡的所有人：

☯ 胡開頭，1 個字元，No → 比對不正確

☯ 陳開頭，3 個字元，No → 比對不正確

☯ 胡開頭，2 個字元，Yes → 比對正確

2．建立程式介面

　　請建立一個專案「7-16 Like 運算子一」，然後依「功能及介面說明」，在 Form1.vb 安裝一個 Label、一個 TextBox 以及一個 Button。

3．建立程式功能

1. 將程式功能表達為可以一句一句翻譯為 VB 的敍述

　　首先列出功能說明：

讓 User 只能輸入「胡開頭、長度至少為 2 的字串」

　　不夠 VB，應該再清楚一點：

按 比對 時：比對(較)TextBox1 的內容，是否是「胡開頭、長度至少為 2 的字串」

2. 撰寫程式

7-16 Like 運算子一：Form1.vb

```vb
' 按 比對 時
Private Sub Button1_Click(ByVal sender As System.Object, ByVal e As System.EventArgs) Handles Button1.Click
    ' 比對(較)TextBox1 的內容，是否是「胡開頭、長度至少為 2 的字串」
    If    TextBox2.Text Like "胡?*" Then
        MessageBox.Show("比對正確")
    Else
        MessageBox.Show("比對不正確")
    End If
End Sub
```

7-17 計算器(2)

1．程式功能與介面說明

修改範例「計算器」：

1. **增加一個**<-**鈕**：按<-時，將 TextBox 中最右邊的資料刪除

2. **再增加一個**C**鈕**：按 C 時，將 TextBox 中所有的資料刪除

2．建立程式介面

請建立一個專案「7-17 計算器」，然後將範例「計算器」中的 Form1.vb 複製到專案中，取代原有的 Form1.vb，再依「功能及介面說明」，在 Form1.vb 安裝兩個 Button。

3．建立程式功能

1．將程式功能表達為可以一句一句翻譯為 VB 的敘述

首先列出功能說明：

按<-時：將 TextBox 中最右邊的資料刪除

按 C 時：將 TextBox 中所有的資料刪除

不夠 VB，應該再清楚一點：

按<-時：將 TextBox 的內容設為：最右邊字元之前的子字串

按 C 時：將 TextBox 的內容設為：空字串

2. 撰寫程式

7-16 Like 運算子一：Form1.vb

' 按 <- 時

Private Sub Button11_Click(ByVal sender As System.Object, ByVal e As System.EventArgs) **Handles Button11.Click**

    If TextBox1.Text.Length > 0 Then   ' TextBox 中還有內容時，才有必要刪除

        ' 將 TextBox 的內容設為：最右邊字元之前的子字串，即：
        ' 從第 0 個字元開始，取「TextBox1 的長度-1」個字元

        TextBox1.Text = TextBox1.Text.Substring(0, TextBox1.Text.Length - 1)

    End If

End Sub

' 按 C 時

Private Sub Button12_Click(ByVal sender As System.Object, ByVal e As System.EventArgs) **Handles Button12.Click**

    TextBox1.Text = "" ' 將 TextBox 的內容設為空字串

End Sub

1．程式功能及介面說明

修改範例「電子購物系統」，按 應付金額 時，依下列規則計算、顯示應付金額：

1. 巧克力訂價為 200、玫瑰花訂價為 300

2. 男性打折、女性打 9 折

3. 非會員不打折、會員打 9 折

☯ 購買者為「女性、非會員」
，訂購商品為「巧克力」，
則應付金額為 180

2．建立程式介面

請建立一個專案「7-18 電子購物」，然後將範例「電子購物系統」中的 Form1.vb 複製到專案中，取代原有的 Form1.vb。

3．建立程式功能

1. 將程式功能表達為可以一句一句翻譯為 VB 的敘述

首先列出功能說明：

按 應付金額 時：依下列規則計算、顯示應付金額
巧克力訂價為 200、玫瑰花訂價為 300；
男性打折、女性打 9 折；非會員不打折、會員打 9 折

不夠 VB，應該再清楚一點：

按 應付金額 時

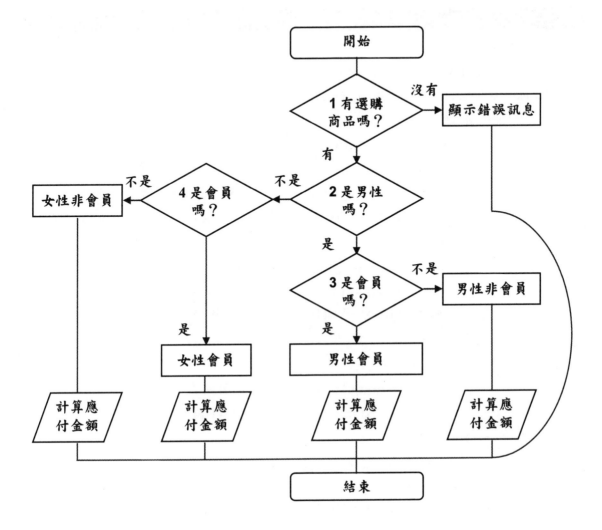

「計算應付金額」的流程則為：

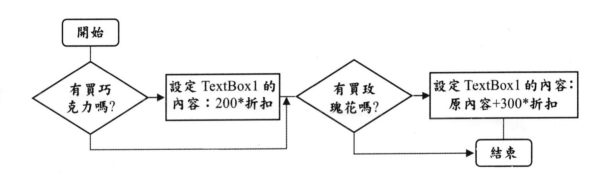

2. 撰寫程式

7-18 電子購物：Form1.vb

' 按 應付金額 時

Private Sub Button1_Click(ByVal sender As System.Object, ByVal e As System.EventArgs) **Handles Button1.Click**

    If ChkBoxChocolate.Checked = True Or ChkBoxRose.Checked Then   '1.有選購商品嗎？

        If RaBtnMan.Checked = True Then   '2 是男性嗎？

            If RaBtnMember.Checked Then   '3.是會員嗎？

            ' 男性會員(打 9 折)

                If ChkBoxChocolate.Checked Then   ' 有買巧克力嗎？

                    TextBox1.Text = 200 * 0.9 ' 設定 TextBox1 的內容：200*折扣

                End If

                If ChkBoxRose.Checked Then   ' 有買玫瑰花嗎？

                    ' 設定 TextBox1 的內容：原內容+300*折扣

                    TextBox1.Text = Val(TextBox1.Text) + 300 * 0.9

                End If

            Else   ' 男性非會員(不打折)

                If ChkBoxChocolate.Checked Then   ' 有買巧克力嗎？

                    TextBox1.Text = 200   ' 設定 TextBox1 的內容：200*折扣

                End If

                If ChkBoxRose.Checked Then   ' 有買玫瑰花嗎？

                    ' 設定 TextBox1 的內容：原內容+300*折扣

                    TextBox1.Text = Val(TextBox1.Text) + 300

                End If

            End If

        Else   ' 女性(請看下頁)

```
        If RaBtnMember.Checked Then     ' 是會員嗎?
            ' 女性會員(打 9 折、9 折)
            If ChkBoxChocolate.Checked Then   ' 有買巧克力嗎?
                TextBox1.Text = 200 * 0.9 * 0.9   ' 設定 TextBox1 的內容:200*折扣
            End If
            If ChkBoxRose.Checked Then   ' 有買玫瑰花嗎?
                ' 設定 TextBox1 的內容:原內容+300*折扣
                TextBox1.Text = Val(TextBox1.Text) + 300 * 0.9 * 0.9
            End If

        Else   ' 女姓非會員(打 9 折)
            If ChkBoxChocolate.Checked Then   ' 有買巧克力嗎?
                TextBox1.Text = 200 * 0.9   ' 設定 TextBox1 的內容:200*折扣
            End If
            If ChkBoxRose.Checked Then   ' 有買玫瑰花嗎?
                ' 設定 TextBox1 的內容:原內容+300*折扣
                TextBox1.Text = Val(TextBox1.Text) + 300 * 0.9
            End If
        End If
    End If     ' 2.判斷性別結束
Else   ' 未訂購商品
    TextBox1.Text = "你沒有訂購任何商品"   ' 顯示錯誤訊息
End If     ' 1.判斷訂購商品結束
End Sub
```

　　我們可以使用變數(第 9 章會介紹)的技巧來簡化本題：

1．將程式功能表達為可以一句一句翻譯為 VB 的敘述

按 應付金額 時

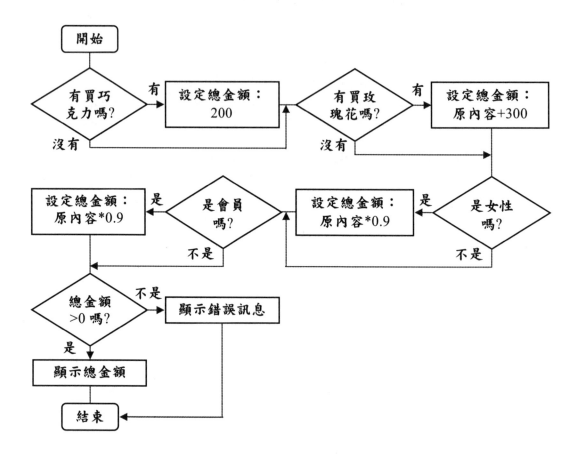

2. 撰寫程式

7-18 電子購物：Form1.vb

```vb
' 按 應付金額 時
Private Sub Button1_Click(ByVal sender As System.Object, ByVal e As System.EventArgs) Handles Button1.Click
    ' 宣告用來暫存總金額的變數
    Dim total As Int16
    ' 有買巧克力嗎？
    If ChkBoxChocolate.Checked Then
        total += 200    ' 設定總金額：200
    End If
    ' 有買玫瑰花嗎？
    If ChkBoxRose.Checked Then
        total += 300    ' 設定總金額：原內容+300
    End If
    ' 是女性嗎？
    If RaBtnWoman.Checked Then
        total *= 0.9    ' 設定總金額：原內容*0.9
    End If
    ' 是會員嗎？
    If RaBtnMember.Checked Then
        total *= 0.9    ' 設定總金額：原內容*0.9
    End If
    ' 總金額>0 嗎？
    If total > 0 Then
        TextBox1.Text = total    ' 顯示總金額
    Else
        TextBox1.Text = "你沒有訂購任何商品"    ' 顯示錯誤訊息
    End If
End Sub
```

7-19 比較運算式的簡化(2)

簡化方式如下：

RadioButton1.Checked <> True

1. RadioButton1.Checked = False   ' <> True 意即=False

2. Not   RadioButton1.Checked   ' 運算元 2 為 False 時，可以省略 False，但要加入 Not

7-20 Or 與 OrElse(2)

可以用 OrElse 取代下列敘述中的 Or：

' 巧克力與玫瑰花其中之 1 被選取

If ChkBoxChocolate.Checked=True **or** ChkBoxRose.Checked=True then

兩者的差別在於：

當巧克力核取時(第 1 個條件成立)，Or 還會再判斷第 2 個條件(玫瑰花是否核取)，但 OrElse 不會，因此 OrElse 的速度比較快

7 - 2 1　Keypress(3)

1．程式功能與介面說明

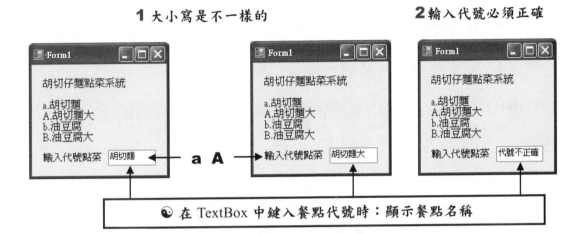

1 大小寫是不一樣的　　　　　　**2** 輸入代號必須正確

☯ 在 TextBox 中鍵入餐點代號時：顯示餐點名稱

2．建立程式介面

　　請建立一個專案「7-21 Keypress」，然後依「功能及介面說明」，在 Form1.vb 安裝三個 Label 以及兩個 TextBox。

☯ 將兩個 TextBox
重疊在一起

3. 建立程式功能

1. 將程式功能表達為可以一句一句翻譯為 VB 的敘述

首先列出功能說明：

在 TextBox1/TextBox2 中鍵入餐點代號時：顯示餐點名稱

夠 VB，但不夠清楚，應該再清楚一點：

在 TextBox1/TextBox2 中鍵入餐點代號時：

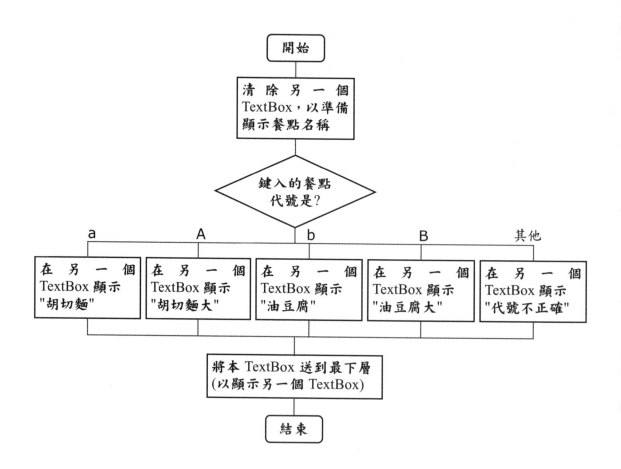

2. 撰寫程式

```
                      7-21 Keypress：Form1.vb
' 在 TextBox1 中鍵入餐點代號時：由於大小寫視為不同，因此應該在 KeyPress 處理
Private Sub TextBox1_KeyPress(ByVal sender As Object, ByVal e As System.Windows.Forms.KeyPressEventArgs) Handles TextBox1.KeyPress
    ' 清除另一個 TextBox，以準備顯示餐點名稱
    TextBox2.Clear()
    ' 鍵入的餐點代號是？
    Select Case e.KeyChar
        Case "a"c    ' a
            TextBox2.Text = "胡切麵"    ' 在另一個 TextBox 顯示"胡切麵"
        Case "A"c    ' A
            TextBox2.Text = "胡切麵大"    ' 在另一個 TextBox 顯示"胡切麵大"
        Case "b"c    ' b
            TextBox2.Text = "油豆腐"    ' 在另一個 TextBox 顯示"油豆腐"
        Case "B"c    ' B
            TextBox2.Text = "油豆腐大"    ' 在另一個 TextBox 顯示"油豆腐大"
        Case Else    ' 其他
            TextBox2.Text = "代號不正確"    ' 在另一個 TextBox 顯示"代號不正確"
    End Select
    ' 將本 TextBox 送到最下層，以顯示另一個 TextBox
    TextBox1.SendToBack()
End Sub
```

```vb
' 在 TextBox2 中鍵入餐點代號時：由於大小寫視為不同，因此應該在 KeyPress 處理
Private Sub TextBox2_KeyPress(ByVal sender As Object, ByVal e As System.Windows.Forms.KeyPressEventArgs) Handles TextBox2.KeyPress
    ' 清除另一個 TextBox，以準備顯示餐點名稱
    TextBox1.Clear()
    ' 鍵入的餐點代號是?
    Select Case e.KeyChar
        Case "a"c    ' a
            TextBox1.Text = "胡切麵"    ' 在另一個 TextBox 顯示"胡切麵"
        Case "A"c    ' A
            TextBox1.Text = "胡切麵大"    ' 在另一個 TextBox 顯示"胡切麵大"
        Case "b"c    ' b
            TextBox1.Text = "油豆腐"    ' 在另一個 TextBox 顯示"油豆腐"
        Case "B"c    ' B
            TextBox1.Text = "油豆腐大"    ' 在另一個 TextBox 顯示"油豆腐大"
        Case Else    ' 其他
            TextBox1.Text = "代號不正確"    ' 在另一個 TextBox 顯示"代號不正確"
    End Select
    ' 將本 TextBox 送到最下層，以顯示另一個 TextBox
    TextBox2.SendToBack()
End Sub
```

　之所以必須大費周章的使用兩個 TextBox 切過來、切過去的原因在於：如果只用一個 TextBox、而且在 KeyPress 中處理，那麼使用者的按鍵將無法被清除，會顯示在餐點名稱之前：

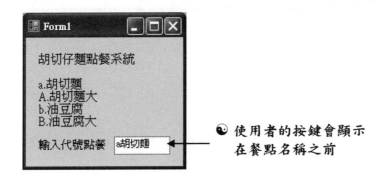

☯ 使用者的按鍵會顯示在餐點名稱之前

　你也可以嘗試將程式放在別的事件程序中，試試看有沒有更好的設計方式。

7-22 ～ 7-25　VB 的敘述、元件、物件及函式(1)

　本書介紹的所有敘述、元件、物件以及函式，已經整理為第 9 章的習題解答，請自行參考第 9 章的相關習題解答。

第8章　迴圈

8-1　迴圈運作邏輯練習(2)

For 迴圈執行次數=((終止值－啟始值)\步進值)+1=((0-24)\-3)+1=9 次。

```
For   i = 24 To 0    Step -3
      .........................
Next
```

8-2　While 與 For 的互換(3)

1. 程式功能及介面說明

使用 For 迴圈重新設計本章範例「輸入盒」，每按一次結束作業，會有三次輸入機會，只要其中一次答對即結束程式，若三次均輸入錯誤則回到程式中(可以再按 結束作業 ，進行下三次的輸入)。

2. 建立程式介面

請建立一個專案「8-2 While 與 For 的互換」，然後將範例「輸入盒」中的 Form1.vb 複製到專案中，取代原有的 Form1.vb。

3. 建立程式功能

1. 將程式功能表達為可以一句一句翻譯為 VB 的敘述

首先列出功能說明：

每按一次 結束作業 ：會有三次輸入機會，........

不僅不夠 VB，而且太複雜，應該使用流程圖表達清楚：

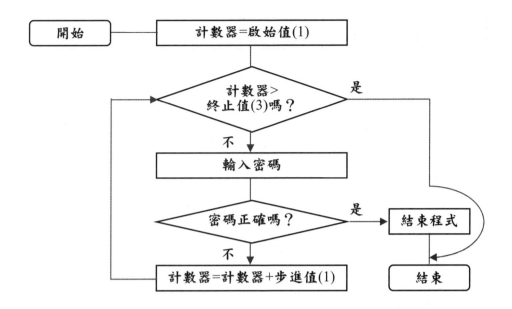

2. 撰寫程式

```
8-2 While 與 For 的互換：Form1.vb

' 按 結束作業 時
Private Sub Button1_Click(ByVal sender As System.Object, ByVal e As System.EventArgs) Handles Button1.Click
    ' 宣告相關變數
    Dim x As String   ' 暫存密碼
    Dim y As Int16   ' For 迴圈計數器
    ' 計數器=啟始值(1)
    For y = 1 To 3   ' 計數器>終止值(3)嗎？
        ' 計數器不>終止值(3)
        x = InputBox("請輸入結束密碼","結束作業")   ' 輸入密碼
        If   x = "over" Then   ' 密碼正確嗎？
            MessageBox.Show("正確")
            End   ' 密碼正確，結束程式
        End If
    Next   ' 計數器=計數器+步進值(1)
    ' 計數器是>終止值(3)
    MessageBox.Show("三次錯誤")
End Sub
```

8-3　Do While Loop(2)

1. 先列出 While 和 Do While Loop 兩者的語法，比較一下：

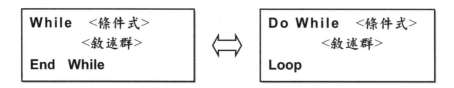

```
While   <條件式>
        <敘述群>
End  While
```
⟺
```
Do While   <條件式>
           <敘述群>
Loop
```

2. 將「輸入盒」中的 While 以 Do While Loop 取代

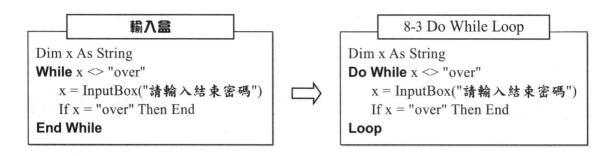

輸入盒
```
Dim x As String
While x <> "over"
    x = InputBox("請輸入結束密碼")
    If x = "over" Then End
End While
```
⟹
8-3 Do While Loop
```
Dim x As String
Do While x <> "over"
    x = InputBox("請輸入結束密碼")
    If x = "over" Then End
Loop
```

8-4　至少執行一次的迴圈(2)

1. 先列出 Do While Loop 和 Do Until Loop(Do Loop Until)兩者的語法，比較一下：

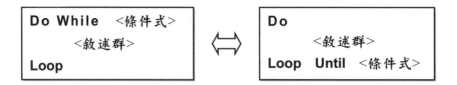

```
Do While   <條件式>
           <敘述群>
Loop
```
⟺
```
Do
        <敘述群>
Loop   Until   <條件式>
```

2. 將習題「8-3 Do While Loop」中的 Do While Loop 以 Do Loop Until 取代

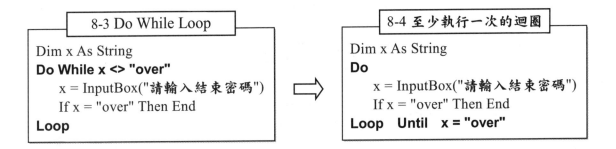

```
8-3 Do While Loop
Dim x As String
Do While x <> "over"
    x = InputBox("請輸入結束密碼")
    If x = "over" Then End
Loop
```

```
8-4 至少執行一次的迴圈
Dim x As String
Do
    x = InputBox("請輸入結束密碼")
    If x = "over" Then End
Loop   Until   x = "over"
```

8 - 5   For 與 While 的互換(2)

1．程式功能及介面說明

請修改本章範例「33 乘法」，用 While 取代 For，執行結果不變。

2．建立程式介面

請建立一個專案「8-5 For 與 While 的互換」，然後將範例「33 乘法」中的 Form1.vb 複製到專案中，取代原有的 Form1.vb。

3．建立程式功能

1. 將程式功能表達為可以一句一句翻譯為 VB 的敘述

首先列出功能說明：

按 33 乘法 時：在 Labe 中顯示 33 乘法表

不夠 VB，應該使用流程圖表達清楚：

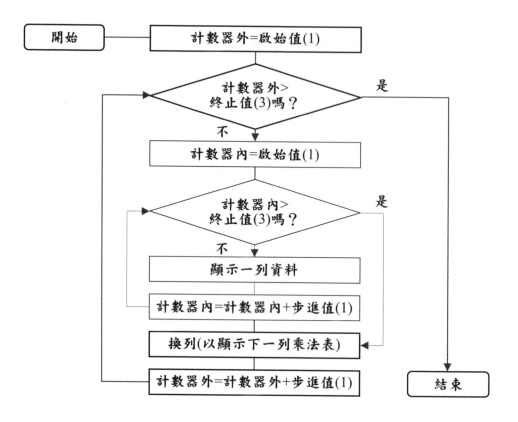

2. 撰寫程式

8-5 For 與 While 的互換：Form1.vb

```
' 按 33乘法 時

Private Sub Button1_Click(ByVal sender As System.Object, ByVal e As System.EventArgs) Handles Button1.Click

    Dim j As Int16, i As Int16    ' 宣告兩個計數器，因為有內外兩個迴圈

    j = 1    ' 計數器外=啟始值(1)

    While j <= 3    ' 計數器外>終止值(3)嗎？

        i = 1    ' 不是：計數器內=啟始值(1)

        While i <= 3    ' 計數器內>終止值(3)嗎？

            Label1.Text = Label1.Text & "    " & j * i    ' 不是：顯示一列資料

            i = i + 1    ' 計數器內=計數器內+步進值(1)

        End While

        Label1.Text = Label1.Text & vbCrLf    ' 換列(以顯示下一列乘法表)

        j = j + 1    ' 計數器外=計數器外+步進值(1)

    End While

End Sub
```

8 - 6　　99 乘法一(2)

1. 程式功能及介面說明

修改本章範例「33 乘法」，將 33 乘法表擴充為 99 乘法表：

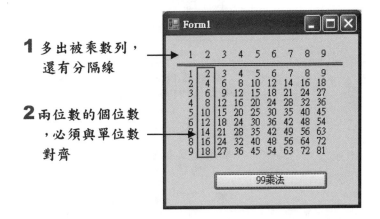

2. 建立程式介面

請建立專案「8-6 99 乘法一」，然後將範例「33 乘法」的 Form1.vb 複製到專案中，取代原有的 Form1.vb，然後將 Button1 的 Text 改為 99 乘法。

3. 建立程式功能

1. 將程式功能表達為可以一句一句翻譯為 VB 的敘述

首先列出功能說明：

按 99 乘法 時：在 Label1 中顯示 99 乘法表，要加入被乘數列與分隔線，兩位數的個位數，必須與單位數對齊

不夠 VB，應該使用流程圖表達清楚：

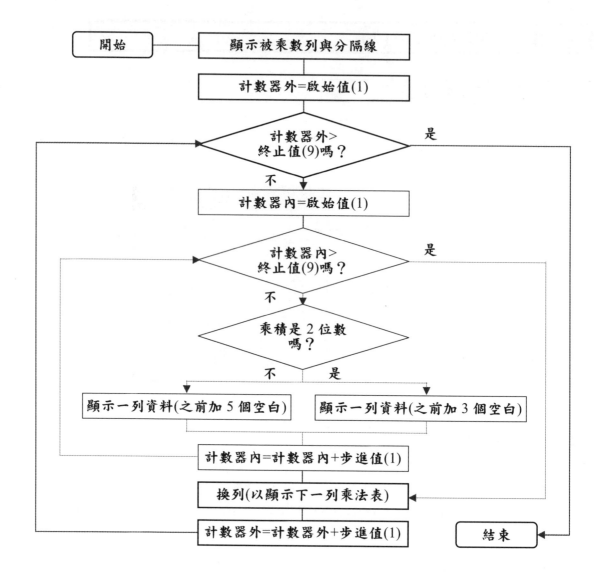

2. 撰寫程式

8-6 99乘法一：Form1.vb

```
' 按 99乘法 時
Private Sub Button1_Click(ByVal sender As System.Object, ByVal e As System.EventArgs) Handles Button1.Click
    Dim j As Int16, i As Int16    ' 內外迴圈計數器
    ' 顯示被乘數列與分隔線
    Label1.Text  &=  "      1      2      3      4      5      6      7      8      9" & vbCrLf
    Label1.Text  &=  "===========================================" & vbCrLf
    For j = 1 To 9    ' 計數器外>終止值(9)嗎?
        For i = 1 To 9    ' 不是:計數器內>終止值(9)嗎?
            If   j * i > 9 Then   ' 不是:乘積是 2 位數嗎?
                Label1.Text &= "   " & j * i    ' 是:顯示一列資料(之前加 3 個空白)
            Else
                Label1.Text &= "     " & j * i  ' 不是:顯示一列資料(之前加 5 個空白)
            End If
        Next    ' 計數器內=計數器內+步進值(1)
        Label1.Text = Label1.Text & vbCrLf '換行(列)   ' 換列(以顯示下一列乘法表)
    Next    ' 計數器外=計數器外+步進值(1)
End Sub
```

8-7　99乘法二(3)

1. 程式功能與介面說明

修改習題 8-6(99 乘法 1)：

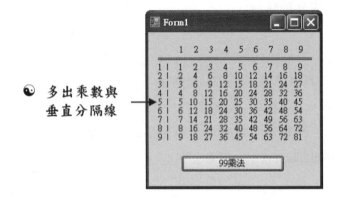

☯ 多出乘數與
垂直分隔線

2. 建立程式介面

請建立專案「8-7 99 乘法二」，然後將習題「8-6 99 乘法一」的 Form1.vb
複製到專案中，取代原有的 Form1.vb。

3. 建立程式功能

1. 將程式功能表達為可以一句一句翻譯為 VB 的敘述

首先列出功能說明：

按 99乘法 時：在 Label1 中顯示 99 乘法表，要加入乘數與分隔線

不夠 VB，應該使用流程圖表達清楚：

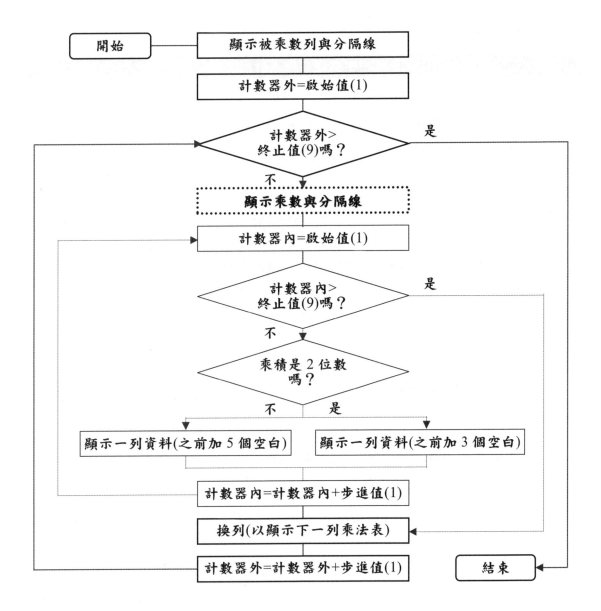

2. 撰寫程式

```
                    8-7 99 乘法二:Form1.vb

' 按 99 乘法 時

Private Sub Button1_Click(ByVal sender As System.Object, ByVal e As System.EventArgs) Handles Button1.Click
    Dim j As Int16, i As Int16    ' 內外迴圈計數器
    ' 顯示被乘數列與分隔線
    Label1.Text  &=  "     1      2      3      4      5      6      7      8      9" & vbCrLf
    Label1.Text  &=  "=====================================================" & vbCrLf
    For j = 1 To 9    ' 計數器外>終止值(9)嗎?
        Label1.Text = Label1.Text & j & "  |"    ' 顯示乘數與分隔線
        For i = 1 To 9     ' 不是:計數器內>終止值(9)嗎?
            If  j * i > 9 Then   ' 不是:乘積是 2 位數嗎?
                Label1.Text &= "   " & j * i   ' 是:顯示一列資料(之前加 3 個空白)
            Else
                Label1.Text &= "     " & j * i   ' 顯示一列資料(之前加 5 個空白)
            End If
        Next   ' 計數器內=計數器內+步進值(1)
        Label1.Text = Label1.Text & vbCrLf '換行(列)   ' 換列(以顯示下一列乘法表)
    Next   ' 計數器外=計數器外+步進值(1)
End Sub
```

8 - 8　　迴圈(1)

迴圈(Loop)是一種讓程式敘述重覆執行的技巧(敘述)，使用迴圈的目的在於簡化程式設計，讓原本要重覆撰寫多次的敘述，只要撰寫一次即可，VB 的迴圈共有下列幾種：

1. For Next：適合次數固定、而且有起始值與終止值的迴圈

2. While：適合次數不固定的迴圈，用條件式來控制迴圈的執行與否

3. Do While Loop：同 While

4. Do Until Loop：同 While，但條件式的運作邏輯與 While 相反

5. Do Loop While：同 Do While Loop，但至少會執行一次

6. Do Loop Until：同 Do Until Loop，但至少會執行一次

8 - 9 ～ 8-11 VB 的敘述、元件、函式(1)

本書介紹的所有敘述、元件、物件以及函式，已經整理為第 9 章的習題解答，請自行參考第 9 章的相關習題解答。

第9章　變數與資料型別

9-1　變數(1)

　　變數(Variable)就是記憶體,當我們要將 User 輸入的資料,或是運算式(函式、方法)的結果暫存(記憶)起來時,就必須使用變數。

　　使用變數前必須先宣告,目的是向編譯器申請一塊無人(變數)使用的記憶體,有了合法的記憶體我們才能夠正確的儲存資料,也才可以由記憶體取出我們想要的資料:

```
' 1.宣告變數
    Dim  x  As  String  ─────────────────────→  X  [      ] R
    While True                                          [      ] A
' 2.使用變數(將資料儲存到變數)                            [      ] M
        x = InputBox("請輸入結束密碼", "結束作業") ──→  X  ["over"] R
                                                        [      ] A
' 2.使用變數(取得變數中的資料)                            [      ] M
        If  x  =  "over"  Then  End
    End While
```

9-2　變數名稱(1)

```
_aBc              ' 合法
Stu123            ' 合法
123Stu            ' 不合法,因為第一個字元為數字
Michael-Jordan    ' 不合法,因為-是非法字元
```

9-3 變數的命名習慣(1)

胡老師個人比較喜歡 PascalCase，一來因為是 Microsoft 建議的，二來因為每一個 Word 都以大寫開頭，可提高變數名稱的可讀性：

```
Dim StudentName As String    ' 學生姓名
Dim EmployeeId As String      ' 員工編號
```

9-4 Option Explicit(2)

胡老師覺得應該將 Option Explicit 設為 On，雖然使用變數前必須先行宣告，比較麻煩，但比較不會因為變數名稱不小心 Key 錯而導致執行結果有誤，這樣反而要花費比較多的時間來除錯，還有就是幾乎所有的語言在使用變數前都一定要先宣告變數，因此 VB 程式設計師最好早一點適應。

9-5 預設資料型別(1)

VB 中整數的預設型別為 Integer、實數的預設型別則為 Double。

9-6 如何決定變數的資料型別(2)

假設我們想宣告一個用來儲存胡老師書籍銷售量的變數，其流程如下：

1. 要儲存那一種型別的資料，就宣告為該型別

銷售量為正整數，然而 VB 的整數型別總共有 SByte、Short、Integer 以及 Long 四種(請參考課本的表格 9-1 數值型別一覽表)，因此必須進入下一步驟。

2. **變數型別的資料容納範圍，必須足夠容納欲儲存的資料範圍**

假設銷售量的範圍在 1,000~1,000,000 之間，則符合條件的有 Integer 以及 Long 兩種，再進入下一個步驟。

3. **選擇佔用空間最少的型別：**

Integer 為 4Bytes、Long 則為 8Bytes，因此應該選擇 Integer：

```
Dim SalesVolume As Integer    ' 就算賣了 1 億本，也夠存了
```

9 - 7　　型別符號(2)

型別符號用來自訂資料的儲存型別，以下列資料而言：

```
Dim c as Decimal
c = 12345678901234.56789012345678
```

若未幫資料加上型別符號，VB 2005 編譯器會以預設型別(Double)儲存：

```
c = 12345678901234.568    'Double 的精確度只有 15 位
```

但這並不符合需求，我們只要在資料尾端加上型別符號 D，即可將資料以 Decimal 的格式儲存，於是可以完整的儲存資料：

```
c = 12345678901234.56789012345678D    'Decimal 的精確度有 29 位
```

9 - 8　　合併敘述(1)

合併敘述用來將兩個以上的敘述合併在同一列，只要在敘述間加入:(冒號)，即可合併兩個以上的敘述，這樣做的好處是減少程式行數，以提高程式的可讀性，但只適用於合併多個相關連而且內容比較少的敘述，若某些敘述根本毫不相關，或者敘述內容太長，都可能會造成反效果：

```
' 未合併敘述
Dim x As Short ,y As Single, z As Short
x = Val(InputBox("請輸入消費金額"))  ' 輸入消費金額(1~10000)
y = Val(InputBox("請輸入折扣"))  ' 輸入折扣(0.1~0.95)
```

```
' 合併敘述
Dim x As Short, y As Single, z As Short
' 輸入消費金額(1~10000)、折扣(0.1~0.95)
x = Val(InputBox("請輸入消費金額")) : y = Val(InputBox("請輸入折扣"))
```

9 - 9　　溢位(1)

溢位(OverFlow)指的是資料大小超出變數所能容納的範圍，只有數值變數才會發生溢位，溢位將會造成程式中斷、無法執行，溢位的發生原因有下列兩種：

1. 指定變數內容時

如果指定給變數的資料超出變數的範圍，將會發生溢位，此時只要改變資料的大小或是變數的型別即可：

```
Dim x As Short    ' 宣告用來儲存消費金額的變數
x = 40000    '40000 超過 Short 的最大值(32767)，因此溢位
```

```
' 解決方式一：改變資料大小
x = 30000    ' OK
```

```
' 解決方式二：改變變數型別
Dim x As Integer    ' OK，Integer 可以容納 40000
```

2. 數學運算

　　進行數學運算時，若運算結果超過兩個運算元所能容納的範圍，也會發生溢位，解決方法是將其中一個運算元調整為範圍夠大的型別：

```
Dim x As Short   ' 單價
Dim y As Short   ' 數量
x=1000 : y=1000
z = x * y   ' 計算應付金額，由於運算結果 1,000,000 超出 Short 的範圍，因此溢位
```

```
' 解決方式：將變數(單價)的型別調整為 Integer 即可，數量也可以調整為 Integer，
' 但會多佔 2 個 Bytes，不過不需再轉換型別，效能較優
Dim x As Integer : Dim y As Short
x=1000 : y=1000
' 進行運算前，y 會被轉成 Integer，然後進行運算、產生 Integer 的結果 1,000,000，
' 並不會溢位
z = x * y
```

9-10　同時宣告多個變數(1)

　　可以，當變數的型別不同時，語法如下：

```
Dim <變數 1> As <型別 1>[,<變數 2> As <型別 2>,..... <變數 n> As <型別 n>]
```

　　如下列敘述，同時宣告了 3 個型別不同的變數：

```
Dim x As Integer, y As Single, z As Short
```

　　如果變數的型別相同，則語法為：

```
Dim <變數 1> [,<變數 2>,..... <變數 n>] As <型別>
```

　　下列敘述同時宣告了 3 個 String 變數：

```
Dim stu1, stu2 , stu3 As String
```

9-11 結帳(3)

1. 程式功能及介面說明

請修改範例「結帳」，讓應付金額無條件去小數，如消費金額 3555、折扣 0.85 時，應付金額為 3021(計算結果 3021.75 去小數)：

2. 建立程式介面

請建立一個專案「9-11 結帳」，然後將範例「結帳」中的 Form1.vb 複製到專案中，取代原有的 Form1.vb。

3. 建立程式功能

1. 將程式功能表達為可以一句一句翻譯為 VB 的敘述

首先列出功能說明：

按結帳時：顯示應付金額，應付金額必須無條件去小數

不夠 VB，應該清楚一點：

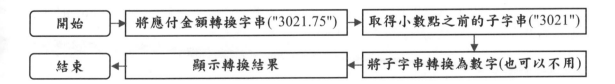

2. 撰寫程式

9-11 結帳：Form1.vb

```
' 按 結帳 時
Private Sub Button1_Click(ByVal sender As System.Object, ByVal e As System.EventArgs) Handles Button1.Click
    Dim x, z As Short   ' 儲存消費金額以及應付金額
    Dim y As Single   ' 儲存折扣
    Dim s As String   ' 儲存轉換後的應付金額字串
    x = Val(InputBox("請輸入消費金額"))   ' 輸入消費金額(3555)
    y = Val(InputBox("請輸入折扣"))   ' 輸入折扣(0.85)
    s = Convert.ToString(y * x)   ' 將應付金額轉換為字串(s="3021.75")
    s = s.Substring(0, s.IndexOf("."))   ' 取得小數點之前的子字串(s="3021")
    z = Val(s)   ' 將子字串轉換為數字(z=3021)(也可以不用)
    MessageBox.Show("應付金額:" & z)   ' 顯示應付金額
End Sub
```

9-12 小時鐘一(2)

1. 程式功能及介面說明

☯ 將「小時鐘」的日期格式
調整為中華民國曆
「民國 yy 年 m 月 d 日」

2. 建立程式介面

　　請建立一個專案「9-12 小時鐘一」，然後將範例「小時鐘」中的 Form1.vb
複製到專案中，取代原有的 Form1.vb。

3. 建立程式功能

1. 將程式功能表達為可以一句一句翻譯為 VB 的敘述

首先列出功能說明：

每隔一秒鐘：在表單的標題欄顯示日期，格式為中華民國曆

中華民國曆的部份不夠 VB，應該清楚一點：

民國{西元日期中的年-1911}年{月份}月{日期}日　'民國 95 年 3 月 15 日

2. 撰寫程式

9-12 小時鐘一：Form1.vb

```
' 每隔 1 秒鐘時
Private Sub Timer1_Tick(ByVal sender As System.Object, ByVal e As System.EventArgs) Handles Timer1.Tick
    Dim D As Date    ' 用來取得當天日期
    D = Date.Now    ' 取得當天日期(現在時間)
    ' 在表單的標題欄顯示日期：民國{西元日期中的年-1911}年{月份}月{日期}日
    Text = "民國" & D.Year - 1911 & "年" _
                & D.Month & "月" _
                & D.Day & "日"
    ' 以日期/時間型別的 ToLongTimeString 方法取得長時間格式的時間字串
    Label1.Text = D.ToLongTimeString()
End Sub
```

9-13 小時鐘二(3)

1. 程式功能及介面說明

將「9-12 小時鐘」的時間格式改為「時:分:n.p 秒 Am/Pm」

☯ 每隔 0.1 秒
更新時間一次

2. 建立程式介面

請建立一個專案「9-13 小時鐘二」，然後將範例「小時鐘」中的 Form1.vb 複製到專案中，取代原有的 Form1.vb。

3. 建立程式功能

1. **將程式功能表達為可以一句一句翻譯為 VB 的敘述**

   首先列出功能說明：

   > 每隔 0.1 秒：在 Label1 顯示目前時間：「時:分:n.p 秒 Am/Pm」

   時間的描述應該更清楚一點：

   > {如果(小時>12 則減 12，否則不減)}:{分}:{秒}.{0.1 秒}
   > {如果(小時>12 則 PM，否則 AM)}
   > ' 如 20:59:24.7 => 8:59:24.7 PM

2. **設屬性**：請將 Timer1 的 InterVal 屬性設為 100

3. 撰寫程式

```
================ 9-13 小時鐘二：Form1.vb ================

' 每隔 0.1 秒鐘時
Private Sub Timer1_Tick(ByVal sender As System.Object, ByVal e As System.EventArgs) Handles Timer1.Tick
    Dim D As Date
    D = Date.Now
    Text = "民國" & D.Year - 1911 & "年" & D.Month & "月" & D.Day & "日"
' 每隔一秒鐘：在 Label1 顯示目前時間：
' {如果(小時>12 則減 12，否則不減)}:{分}:{秒}.{0.1 秒} {如果(小時>12 則 PM，否則 AM)}
    Label1.Text = IIf(D.Hour > 12, D.Hour - 12, D.Hour) & ":" _
            & D.Minute & ":" _
            & D.Second & "." _
            & D.Millisecond.ToString().Substring(0, 1) & "    " _
            & IIf(D.Hour > 12, "PM", "AM")
End Sub
```

其中 iif 是一個函式，語法為：

iif(條件式，結果 1，結果 2)   ' 條件式成立時傳回結果 1，否則傳回結果 2

Millisecond 則是日期/時間物件的屬性，用來取得目前時間中的毫秒 (0.001 秒)，但我們要的是 0.1 秒，因此我們先將 Millisecond 轉換字串，然後取得字串中的第 1 個字元：

' 假設 D 為 20:20:20.001，則：

D.Millisecond = 001   D.Millisecond.ToString().Substring(0, 1) = "0"

' 假設 D 為 20:59:24.753，則：

D.Millisecond = 753   D.Millisecond.ToString().Substring(0, 1) = "7"

9-14 小時鐘與視窗狀態(2)

1. 程式功能及介面說明

請利用 WindowState 屬性，調整小時鐘的功能：

1. **在一般以及放大狀態時：**
   表單標題顯示日期、工作區顯示時間 ⟶

2. **在縮小狀態時：** 表單標題顯示時間
   ↓

2. 建立程式介面

請建立一個專案「9-14 小時鐘與視窗狀態」，然後將範例「小時鐘」中的 Form1.vb 複製到專案中，取代原有的 Form1.vb。

3. 建立程式功能

1. 將程式功能表達為可以一句一句翻譯為 VB 的敘述

應該用流程圖讓程式功能更加明確：

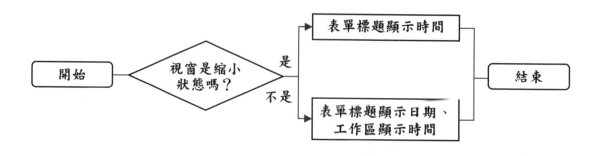

2. 撰寫程式

9-14 小時鐘與視窗狀態：Form1.vb

```
' 每隔 1 秒鐘時
Private Sub Timer1_Tick(ByVal sender As System.Object, ByVal e As System.EventArgs) Handles Timer1.Tick
    Dim D As Date      ' 用來取得當天日期
    D = Date.Now       ' 取得當天日期(現在時間)\
    ' 視窗是縮小狀態嗎？
    If  WindowState = FormWindowState.Minimized Then  ' 是
        Text = D.ToLongTimeString()  ' 表單標題顯示時間
    Else  ' 不是
        Text = D.ToLongDateString()  ' 表單標題顯示日期
        Label1.Text = D.ToLongTimeString()  ' 工作區顯示時間
    End If
End Sub
```

其中 FormWindowState 是一個列舉型別，用來列舉所有的視窗狀態，只要輸入 FormWindowState.，VB 2005 Express 即會列示所有的視窗狀態。

9-15 小鬧鐘(2)

1．程式功能及介面說明

修改範例「小時鐘」，加入鬧鐘功能：

1 按 設定時間 時：輸入鬧鐘時間

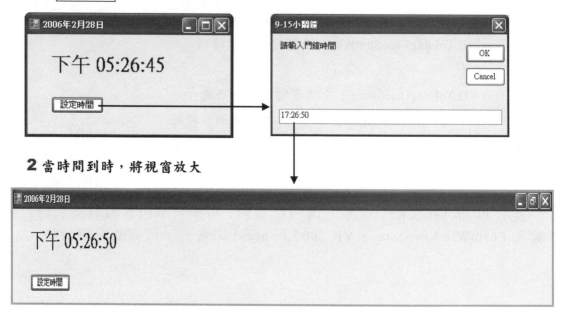

2 當時間到時，將視窗放大

2．建立程式介面

請建立一個專案「9-15 小鬧鐘」，然後將範例「小時鐘」中的 Form1.vb 複製到專案中，取代原有的 Form1.vb，接著在 Form1.vb 安裝一個 Button。

3．建立程式功能

A．功能一

1. **將程式功能表達為可以一句一句翻譯為 VB 的敘述**

　　首先列出功能說明：

按 設定時間 時：輸入鬧鐘時間

　　夠 VB！

2. **撰寫程式**

```
9-15 小鬧鐘：Form1.vb
```

```
Public Class Form1

Dim t As String   ' 用來暫存鬧鐘時間，因為有兩個事件程序要用，因此宣告為模組公用

' 按 設定時間 時
Private Sub Button1_Click(ByVal sender As System.Object, ByVal e As System.EventArgs) Handles Button1.Click

    t = InputBox("請輸入鬧鐘時間")   ' 輸入鬧鐘時間

End Sub
End Class
```

B．功能二

1. **將程式功能表達為可以一句一句翻譯為 VB 的敘述**

　　首先列出功能說明：

當時間到時，將視窗放大

　　再清楚一點：

每隔一秒鐘時：

顯示目前日期、時間

如果　目前時間 ＝ 鬧鐘時間　就

　　將視窗放大

結束如果

2. 撰寫程式

9-15 小鬧鐘：Form1.vb

```
' 每隔一秒鐘時：
Private Sub Timer1_Tick(ByVal sender As System.Object, ByVal e As System.EventArgs) Handles Timer1.Tick
    ' 顯示目前日期、時間
    Dim D As Date : D = Date.Now : Text = D.ToLongDateString() : Label1.Text = D.ToLongTimeString()
    ' 由於目前時間包含日期，因此必須個別取出「時:分:秒」和鬧鐘時間做比較
    If   D.Hour & ":" & D.Minute & ":" & D.Second = t Then   ' 如果 目前時間=鬧鐘時間 就
        WindowState = FormWindowState.Maximized   ' 將視窗放大
    End If   ' 結束如果
End Sub
```

9-16 小鬧鐘一(3)

1. 程式功能及介面說明

請修改習題 9-15「小鬧鐘」，加入鬧鐘的開關功能，只有在開關狀態為"開"時，才具有鬧鐘功能：

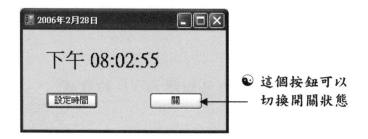

這個按鈕可以切換開關狀態

2. 建立程式介面

請建立一個專案「9-16 小鬧鐘一」，然後將習題「9-15 小鬧鐘」中的 Form1.vb 複製到專案中，取代原有的 Form1.vb，接著在 Form1.vb 安裝一個 Button，並將其 Text 屬性設為"關"。

3．建立程式功能

A．功能一

1．將程式功能表達為可以一句一句翻譯為 VB 的敘述

首先列出功能說明：

按 開 / 關 時：設定鬧鐘狀態

不夠 VB，再清楚一點：

如果　鬧鐘狀態 = 開　就
　　將鬧鐘狀態設為關
否則
　　將鬧鐘狀態設為開
結束如果

2．撰寫程式

9-16 小鬧鐘一：Form1.vb

```
' 按 開 / 關 時
Private Sub Button2_Click(ByVal sender As System.Object, ByVal e As System.EventArgs) Handles Button2.Click
    ' 直接用 Button2.Text 儲存鬧鐘狀態
    If  Button2.Text = "開"  Then  ' 如果　鬧鐘狀態 = 開　就
        Button2.Text = "關"  ' 將鬧鐘狀態設為關
    Else  ' 否則
        Button2.Text = "開"  ' 將鬧鐘狀態設為開
    End If  ' 結束如果
End Sub
```

B. 功能二

1. 將程式功能表達為可以一句一句翻譯為 VB 的敘述

首先列出功能說明：

開關狀態為"開"時，才具有鬧鐘功能

再清楚一點：

每隔一秒鐘時：
顯示目前日期、時間
如果　目前時間 = 鬧鐘時間　而且　開關狀態="開"　就
　　將視窗放大
結束如果

2. 撰寫程式

9-16 小鬧鐘一：Form1.vb

```
' 每隔一秒鐘時：
Private Sub Timer1_Tick(ByVal sender As System.Object, ByVal e As System.EventArgs) Handles Timer1.Tick
    ' 顯示目前日期、時間
    Dim D As Date : D = Date.Now : Text = D.ToLongDateString() : Label1.Text = D.ToLongTimeString()
    ' 如果　目前時間 = 鬧鐘時間　而且　開關狀態="開"　就
    If   D.Hour & ":" & D.Minute & ":" & D.Second = t   AndAlso Button2.Text = "開"   Then
        WindowState = FormWindowState.Maximized   ' 將視窗放大
    End If
End Sub
```

9-17　計時器(邏輯)(2)

可以簡化為：

If Not Start   Then   ' 如果目前為 停止狀態 則

9-18 計時器(邏輯)的改良(3)

我們可以直接使用 Timer1.Enabled 來進行判斷分支,這樣將可以簡化程式:

```
Public Class Form1
' Dim Start As Boolean    ' 不需使用狀態變數了

' 每隔 1 秒鐘時
Private Sub Timer1_Tick(ByVal sender As System.Object, ByVal e As System.EventArgs) Handles Timer1.Tick
    TextBox1.Text = Val(TextBox1.Text) + 0.1
End Sub

' 按 開始/停止 時
Private Sub Button1_Click(ByVal sender As System.Object, ByVal e As System.EventArgs) Handles Button1.Click
    If  Not Timer1.Enabled  Then    ' 如果是停止狀態 就
        Button1.Text = "停止"
        Timer1.Enabled = True    ' 開始計時,同時也改變計時狀態
    Else    ' 否則
        Button1.Text = "開始"
        Timer1.Enabled = False    ' 停止計時,同時也改變計時狀態
    End If
End Sub
End Class
```

9-19 ListBox 的多選轉移(3)

1. 程式功能及介面說明

修改習題 6-3「(資料轉移」:

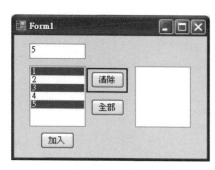

😌 可以多選資料項,
按 清除 時將所有選項
搬移到 ListBox2

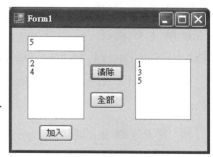

2. 建立程式功能

1. 將程式功能表達為可以一句一句翻譯為 VB 的敘述

首先列出功能說明:

按 清除 時:將 ListBox1 的所有選項搬移到 ListBox2

再清楚一點:

按 清除 時:**1.** 將 ListBox1 的所有選項增加到 ListBox2
2. 刪除 ListBox1 的所有選項

還是不夠清楚,先處理第 1 個功能,由於要增加多個項目,功能運作比較複雜,應該用流程圖表達清楚(見下頁):

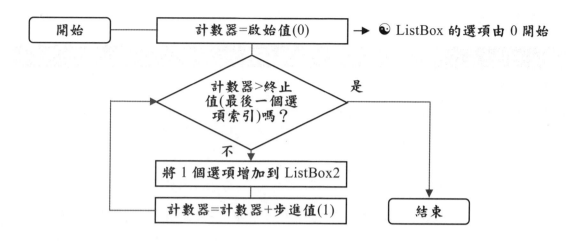

第 2 個功能要刪除多個項目，還是很複雜，一樣用流程圖來表達：

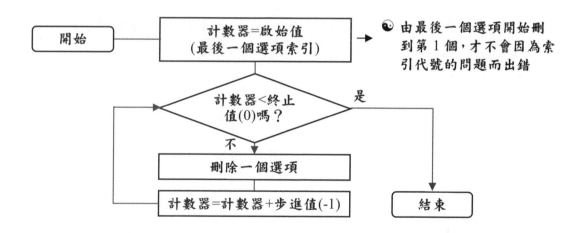

2. 撰寫程式

9-19 ListBox 的多選轉移：Form1.vb

```
' 按 清除 時
Private Sub Button2_Click(ByVal sender As System.Object, ByVal e As System.EventArgs) Handles Button2.Click

    Dim i As Integer   ' 計數器

    '1.將 ListBox1 的所有選項增加到 ListBox2

    ' 計數器=啟始值(0)
    For i = 0 To ListBox1.SelectedItems.Count – 1   ' 計數器>終止值(最後一個選項索引)嗎？

        ListBox2.Items.Add(ListBox1.SelectedItems(i))   ' 將 1 個選項增加到 ListBox2

    Next   ' 計數器=計數器+步進值(1)

    '2.刪除 ListBox1 的所有選項

    ' 計數器=啟始值(最後一個選項索引)
    For i = ListBox1.SelectedItems.Count - 1 To 0 Step -1   ' 計數器<終止值(0)嗎？

        ListBox1.Items.Remove(ListBox1.SelectedItems(i))   ' 刪除一個選項

    Next   ' 計數器=計數器+步進值(-1)

End Sub
```

其中 ListBox1.SelectedItems 是 ListBox 的屬性，用來儲存(表示)ListBox 中的所有選項，而 ListBox1.SelectedItems(i)則用來表示第 i 個選項。

另外 ListBox 的 Items.Remove 方法，可以依據選項內容來刪除選項：

```
ListBox1.Items.Remove("1")   ' 刪除內容為"1"的選項
```

9-20　實數型別與整數型別(1)

實數型別與整數型別都用來儲存數值資料，不過實數型別可以儲存小數，整數型別則無法儲存小數，實數型別還有精確度的限制，資料長度一旦超過精確度，就無法精確的儲存在實數型別變數中，整數型別則沒有精確度的限制，只要範圍所及，全部可以精確的儲存。

9-21 資料格式(2)

1. 程式功能及介面說明

將範例「地區化格式設定」中,消費金額、折扣以及應付金額分列顯示:

2. 建立程式功能

1. 將程式功能表達為可以一句一句翻譯為 VB 的敘述

首先列出功能說明:

按結帳時:將消費金額、折扣以及應付金額分列顯示

應付金額的分列顯示,應該再描述清楚一點:

消費金額:<消費金額><換列>折扣:<折扣><換列>應付:<應付金額>

2. 撰寫程式

9-21 資料格式:Form1.vb

```vb
' 按結帳時
Private Sub Button1_Click(ByVal sender As System.Object, ByVal e As System.EventArgs) Handles Button1.Click
    ' 輸入消費金額、折扣,並計算應付金額
    Dim x As Short : Dim y As Single : Dim z As Short
    x = Val(InputBox("請輸入消費金額")) : y = CSng(Val(InputBox("請輸入折扣"))) : z = x * y
    ' 顯示:消費金額<消費金額><換列>折扣:<折扣><換列>應付:<應付金額>
    MessageBox.Show(String.Format("消費金額:{0:n0}" & ControlChars.NewLine & "折扣:{1:n}" & ControlChars.NewLine & "應付:{2:c}", x, y, z))
End Sub
```

1．程式功能及介面說明

修改範例「結帳」，讓貨幣格式符合海峽兩岸的不同需求：

☯ 台灣的貨
幣格式

☯ 大陸的貨
幣格式

2．建立程式功能

1. 將程式功能表達為可以一句一句翻譯為 VB 的敘述

首先列出功能說明：

按 結帳 時：將應付金額的格式設為符合海峽兩岸的不同需求

夠清楚了！

2. 撰寫程式

9-22 地區化的資料格式設計：Form1.vb

```
' 按 結帳 時
Private Sub Button1_Click(ByVal sender As System.Object, ByVal e As System.EventArgs) Handles Button1.Click
    ' 輸入消費金額、折扣，並計算應付金額
    Dim x As Short : Dim y As Single : Dim z As Short
    x = Val(InputBox("請輸入消費金額")) : y = CSng(Val(InputBox("請輸入折扣"))) : z = x * y
    ' 將應付金額的格式設為符合海峽兩岸的不同需求
    MessageBox.Show(String.Format("應付金額:{0:c0}", z))    ' c 為貨幣的地區化格式字元
End Sub
```

9-23 字元與字串(1)

"胡"為字串,儲存時會在尾端加上字串結束字元,"胡"C 則為字元,只會儲存單一字元:

☯ "胡"

"胡"C	"\0"
101	102

☯ "胡"C

"胡"C
103

9-24 模組公用變數(1)

兩個以上程序共用的變數稱為模組公用變數,應該宣告在模組公用變數區:

```
Public Class Form1
' 這一列之下、所有事件程序之上,為模組公用變數區
Dim t As String   ' 變數 t 為 Timer_Tick()與 Button1_Click()共用,固宣告為模組公用變數
Private Sub Timer1_Tick(ByVal sender As System.Object, ByVal e As System.EventArgs) Handles Timer1.Tick
    Dim D As Date : D = Date.Now : Text = D.ToLongDateString() : Label1.Text = D.ToLongTimeString()
    If D.Hour & ":" & D.Minute & ":" & D.Second = t AndAlso Button2.Text = "開" Then
        WindowState = FormWindowState.Maximized
    End If
End Sub
Private Sub Button1_Click(ByVal sender As System.Object, ByVal e As System.EventArgs) Handles Button1.Click
    t = InputBox("請輸入鬧鐘時間")
End Sub
' ......略過其他事件程序
End Class
```

9-25 變數的初值(1)

　　變數的**初值**(Initialize Value)指的是變數被宣告，編譯器剛分配記憶體給變數時，該記憶體的初始內容。由於此時記憶體的內容是前一次使用所留下的資料，可能不適合正在使用中的變數，因此 VB 編譯器會依預設規則為剛宣告的變數填入資料，稱為變數的**預設初值**(Default Value)：

```
Dim x As Short    ' 用來儲存銷售金額
```

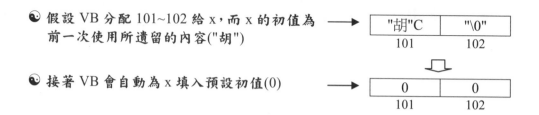

* 假設 VB 分配 101~102 給 x，而 x 的初值為前一次使用所遺留的內容("胡")
* 接著 VB 會自動為 x 填入預設初值(0)

9-26 變數的初值一(2)

　　不一定，也可以省略該敘述，因為 Boolean 的預設初值原本就是 False。不過加上該敘述可以讓程式設計師確定 Start 的初值一定是 False，不用怕程式會出現 Bug，省略該敘述則可以讓程式的效能稍微快一點。

　　如果你一定要明確的設定 Start 的初值，也可以在宣告時一併指定：

```
Dim Start As Boolean = False    ' 宣告時一併指定初值
```

　　這樣就可以省略 Form_Load()中的敘述，而且程式效能應該會比較好，因為初值是在編譯時就已指定，而不是在執行 Form_Load()時才做。

9-27　變數的初值二(2)

可以，因為變數 x 的初值為""，因此一開始條件式即成立：

```
Dim x As String          ' x=""
While   x <> "over"    ' ""<>"over"
    '……迴圈中的敘述至少會執行一次
End While
```

9-28　狀態(2)

　　狀態(State)就是程式的執行狀況，程式的執行狀況必須被記載在**狀態變數**(State Variable)中，這樣程式才能夠依據狀態變數的值(**狀態值**(State Value))來控制程式的執行流程。

　　在習題「9-16 小鬧鐘一」中，每隔 1 秒鐘程式就必須依據鬧鐘的開關狀態，來判斷是否要放大視窗，因此我們必須事先決定狀態(值)有幾種(開、關)，狀態值又要儲存在那兒(Button2.Text)，在程式的執行過程中，我們還要適當的調整狀態變數(Button2.Text)的值，這樣程式才能夠依據正確的狀態，執行正確的程式分支：

```
' 按開/關時：調整狀態值
Private Sub Button2_Click(ByVal sender As System.Object, ByVal e As System.EventArgs) Handles Button2.Click
    ' 直接用 Button2.Text 儲存鬧鐘狀態
    If   Button2.Text = "開"   Then   ' 如果  鬧鐘狀態 = 開   就
        Button2.Text = "關"    ' 將鬧鐘狀態設為關
    Else   ' 否則
        Button2.Text = "開"    ' 將鬧鐘狀態設為開
    End If
End Sub
```

```
' 每隔一秒鐘：依據鬧鐘的開關狀態，來判斷是否要放大視窗
Private Sub Timer1_Tick(ByVal sender As System.Object, ByVal e As System.EventArgs) Handles Timer1.Tick
    Dim D As Date : D = Date.Now : Text = D.ToLongDateString() : Label1.Text = D.ToLongTimeString()
    ' 如果    目前時間 = 鬧鐘時間    而且    開關狀態="開"    就
    If    D.Hour & ":" & D.Minute & ":" & D.Second = t    AndAlso Button2.Text = "開"    Then
        WindowState = FormWindowState.Maximized    ' 將視窗放大
    End If
End Sub
```

另外為了讓鬧鐘一開始處於關閉狀態，因此我們將狀態變數
(Button2.Text)的初值設為"關"。

9-29　不定型別變數(1)

不定型別變數又稱物件(Object)變數，當變數可能儲存不同型別的資料
時，就必須宣告為 Object，使用不定型別變數的方法如下：

```
Dim o As Object    ' 宣告不定型別變數 o
o = 1      ' 不定型別變數可以儲存數字
o = "a"    ' 不定型別變數也可以儲存字串
```

9-30 型別暗地轉換(1)

　　不同型別的資料並無法交給 CPU 一起運算，因此 VB 在進行運算前會自動執行資料(變數)的暗地型別轉換，目的是將資料的型別調整一致，以便交由 CPU 運算，暗地型別轉換的規則為：

1. 整數轉為實數

2. 空間小的轉為空間大的

3. 將資料指定給變數前，先將資料轉換為跟變數同型別

　　請看下例：

```
Dim x As Short : Dim y As Single : Dim z As Short
'1.x 轉換為 Single 2.x 與 y 相乘 3.結果(Single)轉換為 Short 4.結果(Short)指定給 z
z = x * y
```

9-31 型別明確轉換(1)

　　明確轉換型別的時機有：

1. 明確轉換以產生你要的資料

　　以範例「結帳」而言，如果我們想要的資料是「銷售金額*折扣」之後無條件去小數，就必須使用物件的方法或函式來明確轉換資料型別：

```
z = Fix(x*y)    ' 將 x*y 的結果去小數之後，再指定給 z
```

2. 明確轉換型別以進行你想要的運算

　　以第 6 章的範例「加法器」而言，為了讓兩個 TextBox 的內容能夠進行加法運算，因此使用 Val 函式將 TextBox 的內容轉換為數值資料：

```
TextBox3.Text = Val(TextBox1.Text) + Val(TextBox2.Text)
```

9-3 2　Option Strict(2)

　　胡老師覺得應該將 **Option Strict** 設為 On，雖然我們必須自行負責所有的型別轉換，會比較麻煩，但好處是：

1. 加強執行效能

因為所有的型別轉換都由程式設計師明確指定，執行時.NET[1]便不需再一一的檢核是否需要做型別轉換。

2. 提高程式的可讀性

藉由明確型別轉換敘述，程式的執行流程以及結果都將變得明確許多。

3. 加強程式的正確性、減少程式臭蟲

當 Option Strict 設為 On 時，不安全的型別轉換將被標示錯誤訊息，這些錯誤將可以在編輯程式時就處理掉，於是程式的穩定性將提高，程式執行時也比較不容易出錯。

4. 符合時代潮流

大多數的程式語言都會要求程式設計師撰寫明確的型別轉換敘述，將 Option Strict 設為 On 將可以培養良好的程式撰寫習慣。

9-3 3　型別轉換(2)

```
Dim a as SByte
Dim b as long=300
a=Convert.ToByte(b)     ' 無法執行，因為 SByte 無法容納 300，會發生溢位
```

---

[1] 所有的.NET 程式全部皆由.NET　CLR(系列課程會介紹)載入、執行

9-34　保留字(1)

關鍵字(Key Word)指的是程式敘述中最關鍵的部份,同時也是固定不變的部份。以 While 迴圈而言,While 以及 End 都是關鍵字,沒有這些字(Word),下列敘述就不叫 While 迴圈:

```
' While 的語法
While    <條件式>
    <敘述群>
End While
```

```
' While 的應用
While    x<>"over"    ' While 的部份就是 While、不可變更
    x = InputBox("請輸入密碼")
End While    ' End 的部份就是 End、不可變更
```

保留字(Reserved Word)指的是被程式語言所保留,用來做為程式敘述關鍵字的英文單字,比如說 While、End…。程式設計師並不能使用保留字當成自定元件或變數的名稱,否則將出現錯誤。

9-35　屬性與變數(1)

屬性(Property)和**變數**(Variable)都對應於一塊記憶體,都用來儲存一項資料。差別在於,屬性是物件的專用變數,專門用來儲存與物件有關的資料,變數則不屬於任何物件,可以儲存任意資料。

首先列出程式內容與功能說明：

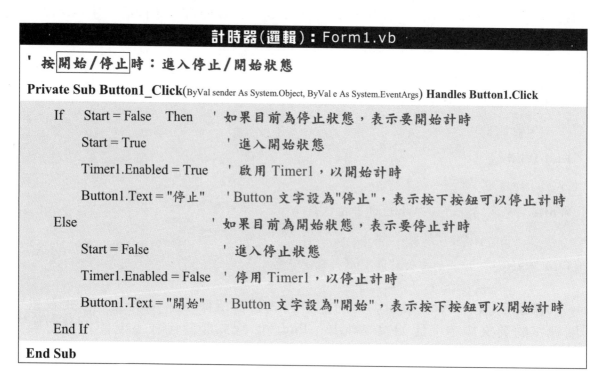

```
                    計時器(邏輯)：Form1.vb

' 按 開始/停止 時：進入停止/開始狀態

Private Sub Button1_Click(ByVal sender As System.Object, ByVal e As System.EventArgs) Handles Button1.Click
    If    Start = False    Then    ' 如果目前為停止狀態，表示要開始計時
        Start = True                ' 進入開始狀態
        Timer1.Enabled = True       ' 啟用 Timer1，以開始計時
        Button1.Text = "停止"       ' Button 文字設為"停止"，表示按下按鈕可以停止計時
    Else                            ' 如果目前為開始狀態，表示要停止計時
        Start = False               ' 進入停止狀態
        Timer1.Enabled = False      ' 停用 Timer1，以停止計時
        Button1.Text = "開始"       ' Button 文字設為"開始"，表示按下按鈕可以開始計時
    End If
End Sub
```

接著畫出流程圖：

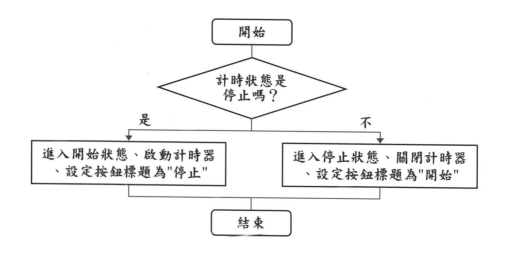

9-37　VB 的敘述(1)

下表是本書(VB 2005 初學入門)所介紹的所有敘述：

敘述名稱	功用	語法
屬性值設定 (Ch3)	設定某個物件的屬性值。	[<物件名稱>.]<屬性名稱>=<屬性值>
運算式 (Ch6)	將資料交由 CPU 處理(運算)。	<運算元 1> <運算子> <運算元 2>
屬性值取出 (Ch6)	取得某個物件的屬性值。	[<物件名稱>.]<屬性名稱>
方法 (Ch6)	命令物件執行某個動作。	[<物件名稱>.]<方法名稱>([<參數>])
函式 (Ch6)	執行某個特殊運算。	<函式名稱>([<參數>])
資料表示法 (Ch6)	在程式中表示某個資料	"<字串>"、#日期#、……….
邏輯運算式 (Ch7)	運算多個邏輯資料的真假，一般用來串接多個條件式	<邏輯運算元 1>　<邏輯運算子> <邏輯運算元 2> **或是** <條件 1> <邏輯運算子> <條件 2> 邏輯運算子共有 And、AndAlso、Or、 OrElse、Xor 以及 Not 六種
單條件判斷 (Ch7)	依據條件真假，讓程式分 2 支執行	If <條件> then 　　<敘述群 1> [Else 　　<敘述群 2>] End If
比較運算式 (Ch7)	比較兩個資料是否符合指定的比較運算方式	<資料 1> <比較運算子> <資料 2> 比較運算子共有=、<>、>、>=、<、<=、 Like…等

敘述名稱	功用	語法
多條件判斷 (Ch7)	依據條件真假，讓程式分多支(3支以上)執行。	If　<條件 1>　　Then 　　　　<敘述群 1> ElseIf　<條件 2>　　Then 　　　　<敘述群 2> 　　　　… ElseIf　<條件 n>　　Then 　　　　<敘述群 n> [Else 　　　　<敘述群 x>] End　If
多重分支 (Ch7)	依據資料與條件值，讓程式分多支(3 支以上)執行。	Select　Case <資料> 　　　　Case　<條件值 1> 　　　　　　<敘述群 1> 　　　　Case　<條件值 2> 　　　　　　<敘述群 2> 　　　　　　… 　　　　Case　<條件值 n> 　　　　　　<敘述群 n> 　　　　[Case Else 　　　　　　<敘述群 x>] End　Select
For Next (Ch8)	讓敘述重覆執行固定的次數： (<終止值>-<啓始值>)\<步進值>+1次。	FOR <計數器>=<啓始值> TO <終止值> _ 　　　　[STEP <步進值>] 　　　<敘述群> NEXT
While (Ch8)	讓敘述重覆執行不固定的次數，直到條件式不成立爲止。	While　<條件式> 　　　　<敘述群> End　While
Do While Loop (Ch8)	讓敘述重覆執行不固定的次數，直到條件式不成立爲止。	Do　While　<條件式> 　　　　<敘述群> Loop

敘述名稱	功用	語法
Do Until Loop (Ch8)	讓敘述重覆執行不固定的次數，直到條件式成立為止。	Do Until ＜條件式＞ 　　＜敘述群＞ Loop
Do Loop While (Ch8)	讓敘述重覆執行不固定的次數，直到條件式不成立為止，但至少會執行一次迴圈。	Do 　　＜敘述群＞ Loop While ＜條件＞
Do Loop Until (Ch8)	讓敘述重覆執行不固定的次數，直到條件式成立為止，但至少會執行一次迴圈。	Do 　　＜敘述群＞ Loop Until ＜條件＞
Exit (Ch8)	跳出某個敘述架構。	1.Exit While：跳出 While 2.Exit For：跳出 For 3.Exit Do：跳出 Do While 與 Do Loop 4.Exit Select：跳出 Select Case 5.Exit Try：跳出 Try 6.Exit Sub：跳出 Sub(事件程序)
指定運算式 (Ch9)	指定變數或屬性值	＜變數(屬性)名稱＞ = ＜資料＞
取值運算式 (Ch9)	取出變數或屬性值	＜變數(屬性)名稱＞

9-38 VB 的元件(1)

下表是本書(VB 2005 初學入門)所介紹的所有元件:

元件類別	功用	重要屬性	重要方法
Button (Ch3) Button1	讓 User 可以用按的方式來觸發程式。	1.Text(字串型別)：表示 Button 中的文字內容。	
Form (Ch3、習題解答 9)	表單本身，扮演元件的容器	1.Text(字串型別)：表示表單的標題文字。 2.WindowState(列舉型別)：表示視窗的狀態	
TextBox (Ch6) TextBox1	讓 User 輸入/顯示一項資料。	1.Text(字串型別)：表示 TextBox 中的文字內容。 2.ReadOnly(邏輯型別)：設定 TextBox是否可以編輯資料	1.Select(\<start\>，\<length\>)：選取 TextBox 中的部份內容。 2.SelectAll() ： 選取 TextBox 中的所有內容。
ListBox (Ch6) ListBox1	讓 User 選取/ 瀏覽多項(一列一列)資料。	1.Items(所有 Item 的集合)：表示 ListBox 的所有項目。 2.SelectedItems:表示 ListBox 的所有選項。 3.Items(n) ： 表示 ListBox 的第 n 個項目。	1.Items.Add(\<data\>)：新增一列(項)資料。 2.Items.RemoveAt(\<Index\>)：依索引刪除一列(項)資料。 3.Items.Clear()：刪除全部資料。 4.Items.Remove(\< 資料 \>)：依內容刪除一列(項)資料。
Label(Ch6) Label1	顯示靜態文字	1.Text(字串型別)：表示 Label 中的文字內容。	無

元件(類別)	功用	重要屬性	重要方法
ComboBox (Ch6)	讓 User 輸入/顯示一項資料，或讓 User 選取/瀏覽多項(一列一列)資料。	1.Text(字串型別)：表示 Combobox 中的文字。 2.Items：表示 Combobox 的所有項目。 3.Items(n)：表示 Combobox 的第 n 個項目。	1.Select(<start>, <length>)：選取部份內容。 2.SelectAll()：選取所有內容。 3.Items.Add(data)：新增一列(項)資料。 4.Items.RemoveAt(<Index>)：刪除一列(項)資料。 5.Items.Clear()：刪除全部資料。 6.Items.Remove(<資料>)：依內容刪除一列(項)資料。
GroupBox (Ch7) GroupBox1	將元件分組	1.Text(字串型別)：表示 Groupbox 中的文字，即群組名稱	
RadioButton (Ch7) RadioButton1	讓 User 執行單選作業	1.Text(字串型別)：表示 RadioButton 的(說明)文字 2.Checked(邏輯型別)：表示 RadioButton 是否被選取	
CheckBox (Ch7) CheckBox1	讓 User 執行多選作業	1.Text(字串型別)：表示 CheckBox 的(說明)文字。 2.Checked(邏輯型別)：表示 CheckBox 是否被選取	
Timer (Ch9) Timer1	定時觸發某一群程式	1.Interval(數值型別)：指定 Timer_Tick 事件的觸發間隔時間(單位為 1/1000 秒)。 2.Enabled(邏輯型別)：啟動/關閉 Timer。	

9-39 VB 的物件(1)

下表是本書(VB 2005 初學入門)所介紹的所有物件：

物件類別	功用	重要屬性	重要方法
字串 (String) (Ch6)	表示一個文字。 與 TextBox 類別的 Text 屬性差不多，因為 Text 屬性也是 String 類別物件。	1.Length(<數值型別>)：表示字串的長度。	1.IndexOf(<字串>)：搜尋子字串的位置。 2.Substring(<啟始值>[，<字元數目>])：取得子字串。 3.Format("{<格式字串>}"，<資料>))：將資料格式化。 4.ToLower()：將字串轉換為小寫。
Convert (Ch6)	轉換資料型別		1.ToString(<資料>)：將資料轉換為字串
MessageBox (Ch6)	顯示訊息盒		1.Show(<訊息內容>[,<訊息盒標題>])
String **(或其他資料類別)** (Ch7)	操作字串型別(或其他資料型別)		1.Compare(<資料 1>，<資料 2>)：比較兩個資料是否相等： 相等傳回 0， 1<2 傳回負值， 1>2 傳回正值
String **物件** **(或其他資料物件)** (Ch7)	代表字串資料(或其他資料)		1.CompareTo(<資料>)：比較資料本身與另一個資料是否相等： 相等傳回 0， <傳回負值， >傳回正值

物件類別	功用	重要屬性	重要方法
Date (Ch9)	操控日期/時間資料。	1.Now:取得現在時間(包含當天日期)。 2.Year:取得日期資料的年(數字)。 3.Month:取得日期資料的月(數字)。 4.Day:取得日期資料的天(數字)。 5.Hour:取得時間資料的時(數字)。 6.Minute:取得時間資料的分(數字)。 7.Second:取得時間資料的秒(數字)。 8.Millisecond:取得時間資料的毫秒(數字)。	1.ToLongDateString():取得日期資料的長日期格式字串。 2.ToLongTimeString():取得時間資料的長時間格式字串。

下表是本書(VB 2005 初學入門)所介紹的所有函式：

函式名稱	功用	語法	傳回值(運算結果)
Val (Ch6)	將字串轉型為數值	Val(<字串>)	Double 資料： 如 Val("3")=3.0
Ctype (Ch6)	轉換資料型別	Ctype(<資料>，<型別>)	另一種型別的資料：如 Ctype("12",Short)=12
InputBox (Ch8)	顯示輸入盒、讓 User 輸入資料	IntputBox(<提示訊息> [，<標題文字> ，<輸入欄預設值> ，<輸入盒位置 X 座標> ，<輸入盒位置 Y 座標>])	按確定時傳回 User 輸入的資料，按取消時傳回 ""。
Fix (Ch9)	去除實數資料的小數部份	Fix(<實數資料>)	不含小數的實數： 如 Fix(3.123)=3
CInt .... CByte (Ch9)	將資料轉換為某種型別	CInt(<資料>)、 ....、 CByte(<資料>)	某種資料： 如 CInt("23")=23
IIf (習題解答 9)	依條件式傳回適當的結果	IIf(<條件式>，<結果 1> ，<結果 2>)	條件式成立傳回結果 1，否則傳回結果 2，兩個結果都是 Object 型別： 如 IIf(20 > 12,"PM","AM") 將傳回"PM"

9-41 VB 的事件(1)

下表是本書(VB 2005 初學入門)所介紹的所有事件：

事件名稱	觸發時機	重要參數
KeyDown (Ch7)	在元件中剛鍵入按鍵時。	1.e：用來接收按鍵的相關資訊，如 e.KeyCode 用來接收按鍵的鍵盤延伸碼。
KeyPress (Ch7)	在元件中鍵入按鍵到底時。	1.e：用來接收按鍵的相關資訊，如 e.KeyChar 用來接收按鍵的 Unicode。
KeyUp (Ch7)	在元件中鍵入按鍵到底之後放開按鍵時。	1.e：用來接收按鍵的相關資訊，如 e.KeyCode 用來接收按鍵的鍵盤延伸碼。
SelectedIndex Changed (Ch7)	當元件 (ListBox 與 ComboBox 等條列性元件)的選項改變時	
Timer_Tick() (Ch9)	每隔一段時間觸發一次，間隔時間由 Timer 元件的 InterVal 屬性決定，InterVal 的單位為 0.001 秒。	
Form_Load() (Ch9)	載入表單至 RAM 之後、將表單顯示出來之前被觸發。 適合用來初始化元件屬性以及變數的初值。	

Visual Basic 2005 初學入門 解答

作　　者／胡啓明

發 行 者／弘智文化事業有限公司

登記證：局版台業字第 6263 號

地址：台北市大同區民權西路 118 巷 15 弄 3 號 7 樓

E-mail:hurngchi@ms39.hinet.net

郵政劃撥：19467647　戶名：馮玉蘭

電話：886-2-2557-5685　　0921-121-621　　0932-321-711

傳真：886-2-2557-5383

網站：www.honz-book.com.tw

發 行 人／邱一文

經 銷 商／旭昇圖書有限公司

地址：台北縣中和市中山路二段 352 號 2 樓

電話：(02) 22451480　　傳真：(02) 22451479

製　　版／信利印製有限公司

版　　次／95 年 6 月初版一刷

定　　價／250 元

I S B N ／986-7451-13-9

國家圖書館出版品預行編目資料

Visual Basic 2005 初學入門解答 / 胡啓明著.
　-- 初版. -- 臺北市 : 弘智文化, 民 95
　面 ；　公分

ISBN 986-7451-13-9(平裝)

1. BASIC(電腦程式語言) - 問題集

312.932B3　　　　　　　　95010264